Texturbasierte dynamische Erkennung veränderlicher Objekte

Thomas Kalinke

geboren in Marl

Dissertation

zur Erlangung des Grades
Doktor-Ingenieur
an der Fakultät
für Elektrotechnik und Informationstechnik
der Ruhr-Universität Bochum

Bochum 1999

Dissertation eingereicht am:	15.10.1999
Tag der mündlichem Prüfung:	09.12.1999
Berichterstatter:	Prof. Dr.-Ing. Werner von Seelen
	Prof. Dr.-Ing. Helmut Ermert

Thomas Kalinke

TEXTURBASIERTE DYNAMISCHE ERKENNUNG VERÄNDERLICHER OBJEKTE

ibidem-Verlag
Stuttgart

Die Deutsche Bibliothek - CIP-Einheitsaufnahme:

Ein Titeldatensatz für diese Publikation ist bei
Der Deutschen Bibliothek erhältlich

∞

Gedruckt auf alterungsbeständigem, säurefreien Papier
Printed on acid-free paper

ISBN: 3-89821-083-9

Printed in Germany

Vorwort des Herausgebers

Interdisziplinarität in der Wissenschaft ist zwar in aller Munde, aber mit vielen Schwierigkeiten belastet. Einer dieser Probleme betrifft die Publikationen, deren Erscheinungsort wesentlich durch das Studienfach der Autoren bestimmt wird. Dies gilt im besonderen Maße für Dissertationen. Das Institut für Neuroinformatik an der Ruhr-Universität Bochum will zur Verbesserung dieser Situation beitragen und fasst die Dissertationen eines Fachgebietes in dieser Reihe zusammen. Dankenswerterweise hat sich der *ibidem*-Verlag bereit gefunden, diese Aufgabe publizistisch zu betreuen. Das Fachgebiet betrifft die „Konzepte neuronaler Informationsverarbeitung". Dieser Bereich befindet sich in einer dynamischen Entwicklung und ist auf die Kooperation von Ingenieuren, Physikern, Mathematikern, Informatikern und Biologen angewiesen. Gemeinsames Ziel ist der Entwurf von Kontrollsystemen, die für diese Aufgabe Prinzipien biologischer Informationsverarbeitung für technische Aufgaben zu „übersetzen" versuchen. Der biologische Bezug ist durch Hirnforschung und Evolution gegeben. Der Grundgedanke der dieses Gebiet treibt ist eine einfache Feststellung: Beim Entwurf von Systemen führt deren steigende Komplexität, ihre Nichtlinearität, die erforderliche Flexibilität und der Zwang in natürlichen Umwelten zu operieren zu massiven Schwierigkeiten. Andererseits sind neuronale Systeme der existierende Beweis der Lösbarkeit dieser Probleme. Es ist somit naheliegend, Prinzipien zu übertragen, die z. B. schrittweise die häufig kaum lösbare explizite Kodierung der „Selbstorganisation" und des Lernens ersetzen. Neuronale Netze waren ein erster erfolgreicher Schritt. Es ist zu erwarten, dass weiterreichende Entwicklungen, die eine biologische Basis haben, möglich sind. Diesem Sachgebiet für Dissertationen ein „Forum" zu schaffen, ist das Ziel dieser Reihe.

Bochum, im Oktober 2000

Prof. Dr. Werner von Seelen

An dieser Stelle möchte ich ein paar Zeilen des Dankes an alle diejenigen richten, ohne deren Mithilfe die vorliegende Arbeit sicherlich nicht in dieser Form entstanden wäre.

Zuerst möchte ich mich bei meinen beiden Referenten Herrn Prof. Dr.-Ing. Werner von Seelen und Herrn Prof. Dr.-Ing. Helmut Ermert bedanken. Prof. Ermerts didaktische Fähigkeiten habe ich bereits während des Studiums geschätzt - vielen Dank für das hervorragende Korreferat. Prof. von Seelen verdanke ich, die vorbildliche Betreuung meiner Arbeit. Insbesondere möchte ich mich für das hohe fachliche Niveau und die Vielzahl der mir überlassenen Freiheiten bedanken.

Größter Dank gilt dem Institut für Neuroinformatik. Das mag komisch klingen, sich bei einer Institution zu bedanken, aber ich wüßte nicht, wie ich es sonst ausdrücken sollte. Mit dem Institut für Neuroinformatik verbindet mich ein Lebensabschnitt von über zehn Jahren. Beginnend mit den ersten Stunden des Instituts an der Ruhr-Universität Bochum im Jahr 1989 durfte ich meine Qualitäten als studentische Hilfskraft bei Bernt Hartfiel unter Beweis stellen. Auch während der Anfertigung meiner Diplomarbeit in Grenoble genoß ich die volle Unterstützung der Mitarbeiter des Instituts, insbesondere durch Stefan Bohrer. Für die anschließende schöne Zeit als wissenschaftlicher Mitarbeiter möchte ich allen Mitarbeitern und Studenten des Instituts herzlichst danken. Und da ich Bildverarbeiter bin, folgt jetzt keine Namensliste, sondern, wie soll es auch anders sein, die zweidimensionale Repräsentation der lokalen Bildentropie der Institutsmitglieder:

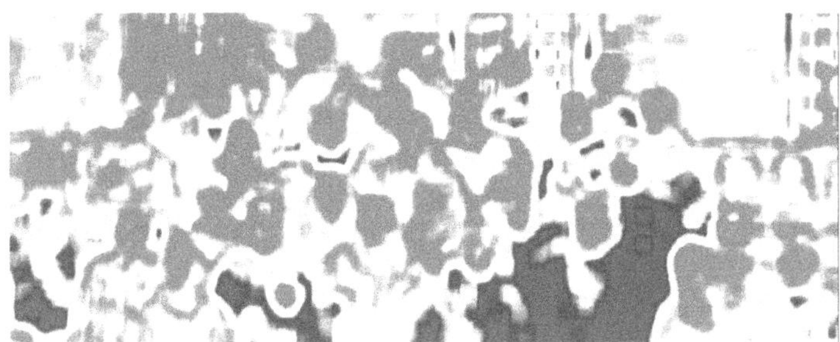

Ihr könnt Euch nicht finden? Dann werde ich mal eine Schwellwertoperation auf Euch anwenden:

Immer noch nicht? Gut, dann vielleicht jetzt?

Bedanken möchte ich mich auch bei den Mitarbeitern, die das Institut schon vor längerer Zeit verlassen haben und nicht auf dem Bild verewigt sind. An meinem langjährigen Freund Detlev Noll schätze ich besonders sein Geschick, komplizierte Arbeitsvorgänge dermaßen zu vereinfachen, daß eine signifikante Arbeitserleichterung die Folge ist; das verdient den Meistertitel. Er stand mir gerade am Anfang meiner Promotion mit Rat und Tat zur Seite und hat mit seinen hellseherischen Fähigkeiten meine abgedrehten Ideen zur Lösung aller Probleme der Bildverarbeitung immer wieder auf die reale Welt abgebildet. Bei Martin Werner, der die Signaltheorie beherrscht wie kein anderer und jeden Schnellsprechwettbewerb mit großem Vorsprung gewinnen würde. Danke, daß Du mich immer wieder motiviert hast. Bei Christos Tzomakas, für die tiefen Einblicke in die griechische Beziehungskultur und die Neudefinition des Begriffes der Monogamie. Ebenso beim größten Motivationskünstler, Christian Goerick (oder war's Göricke?), möchte ich mich bedanken. Deine Art, ein Problem nicht durch die bloße Formulierung von Floskeln sondern durch konstruktive Vorschläge der Lösung näher zu bringen, ist vorbildlich. Ich kenne niemanden, der auf einer Enduromaschine stehend seine Gegner mit einem gezielten Taekwondo Fußtritt ausschaltet und gleichzeitig eine nichtlineare Differentialgleichung bei einem verlorenen Skatspiel löst, das er theoretisch hätte gar nicht verlieren können. Jens Gayko möchte ich für die konstruktive Zusammenarbeit und die produktive Alkoholvernichtung während diverser Skiurlaube danken. Bei Uwe Handmann möchte ich mich für die tolle Zusammenarbeit besonders in unserem speziellen Projekt und ebenso dafür bedanken, daß Du mich immer wieder zur Veröffentlichung unserer Arbeiten gedrängt hast. Ansonsten wäre ich wohl meiner Nichtveröffentlichungslethargie verfallen.

Bedanken möchte ich mich auch bei der Arbeitgruppe PRASAG, die von den lästernden Zungen von Brucki, Thomas und Jannis auch als PRÄSER-Gruppe bezeichnet wird. Gesa Lorenz, der „Ally McBeal" der Arbeitsgruppe, hat die Dinge immer wieder von verschiedenen Seiten aus farbenprächtig und kritisch beleuchtet. Deine Fähigkeit der klaren und deutlichen Formulierung technischer Vorgänge hat mir sehr geholfen. Dank sagen möchte ich Thomas Bücher, für den das Schreiben von Texten in einer Programmiersprache ein Segen und von Veröffentlichungstexten eine Strafe ist. Danke dafür, daß Du immer mit Rat und Tat für mich präsent warst. Weiterer Dank gebühren Carsten Winkel, dem Umweltwächter und Mister Duden, der besonders durch sein Organisationstalent glänzt, David Kastrup, Mister Linux, der zur Programmierung keinen C-Kode braucht, sondern sich lieber gleich die übersetzten Bibliotheken anschaut und Iris Leefken, die flexible Architekturen zur Lösung aller Verhaltensprobleme dieser Welt organisiert. Danke auch dem österreichischen Exportschlager, Hannes Edelbrunner alias Lucky Luke, der während des Krafttrainings Arnold Schwarzenegger würdig vertreten könnte. Vielmals bedanken möchte ich mich bei Cris Curio - eigentlich Professor Cris - für seine Ruhe und seine liebenswürdige Art, mich auch bei größtem Druck mit Hilfe klassischer Musik zu entlasten.
Euch allen gilt mein aller herzlichster Dank, daß Ihr alle meine Launen geduldet und meine Hektik ertragen habt.

Für die Lesbarkeit meiner Arbeit haben Andrea Vogel, Christian Goerick, Uwe Handmann, Cris Curio, Thomas Bücher, Gesa Lorenz, Carsten Winkel und Zwieback gesorgt. Danke! Mein herzlichster Dank gilt meiner guten Freundin Ane, die sich bereit erklärt hatte, diese Arbeit mehrfach Korrektur zu lesen, ohne den technischen Hintergrund zu kennen. Danke für Deine Geduld und Deine Anstrengungen, meine minderen Formulierungskünste aufgewertet zu haben.

Ohne Frau Berz, Kathi, Micha und Arno wäre diese Arbeit erst gar nicht entstanden. Frau Berz und Kathi haben auf organisationstechnischer und menschlicher Ebene einen Rahmen geschaffen, der vorbildlich ist. Vor allem für die Bereitschaft, Dinge auch außerhalb des eigentlichen Aufgabenfeldes zu übernehmen, möchte ich mich bedanken. Micha und Arno zeichnen sich zum einen dadurch aus, völlig hektische Entscheidungen meinerseits ersteinmal in Ruhe zu diskutieren und mit Kompetenz den Sinngehalt zu prüfen. Zum anderen waren beide immer mit voller Aufmerksamkeit für mich da, wenn schnelles Handeln in den Projekten nötig war.

Bedanken möchte ich mich besonders bei Herrn von Seelen, dessen menschliche Qualitäten mich schon bei meiner Einstellung 1994 beeindruckten, als er mich in seinem Büro warten ließ, weil er zuvor die Oberfläche seines Schreibtisches mit einem Schwingschleifer vergüten mußte. Danke dafür, daß Sie immer ein offenes Ohr und einen guten Rat für mich hatten und das nicht nur bei den ach so wichtigen ingenieurtechnischen Dingen der Welt, sondern vor allem bei den persönlichen Problemen. Danke für die entgegengebrachte Fürsorge und das Verständnis.

Meine Freunde, die „Klötze", waren immer für mich da, wenn ich mal wieder Ablenkung brauchte und meinen Ideenvorrat bei ein paar Bier wieder auffrischen mußte.

Dank gilt in besonderem Maße meiner Familie. Meine Mutter, meine Schwester und meine Großeltern haben mir immer die Freiheiten gelassen, alle meine Ideen auszuleben und entgegen den Strömungen der Gesellschaft schwimmen zu dürfen. Danke für eine Unterstützung, die nicht hätte besser sein können.

Bei Nicole mich zu bedanken, würde in eine unendlich lange Aufzählung enden, die den Rahmen dieser Danksagung sprengt. Danke dafür, daß Du immer für mich da bist.

Gelsenkirchen, im Oktober 2000

Thomas Kalinke

Inhaltsverzeichnis

Kapitel 1

Einleitung

Die Bildverarbeitung hat in der Regel das Ziel, eine kompakte Kodierung von spezifischen Bildinhalten zu erreichen. Die häufigste Aufgabe besteht darin, Objekte zu definieren und sie einer Bedeutungsklasse zuzuordnen. Dies geschieht meistens in zwei Schritten: Der Merkmalextraktion und der Erkennung. Zahlreiche industrielle Applikationen dokumentieren, daß für diese Aufgabe bereits Lösungsformen existieren.

Die Bildverarbeitung ist jedoch weiterhin in breitem Rahmen Forschungsgegenstand, wenn zwei Erweiterungen gelten:

1. Die zu analysierenden Bilder entstammen der natürlichen Umwelt.

2. Es ist nicht nur die Bedeutung von Objekten, sondern auch die einer ganzen Szene oder einer Folge von Szenen zu bestimmen.

In diesem Bereich ist die vorliegende Arbeit angesiedelt. Sie bezieht sich auf die Analyse von Verkehrsszenen, wobei die bildgebende Kamera im fahrenden Fahrzeug montiert ist. Damit sind dynamische Szenen bei bewegtem Beobachter zu analysieren. Das Ergebnis betrifft das Fahrverhalten des Beobachterfahrzeugs.

Mit dieser Aufgabenstellung sind eine Reihe prinzipieller Probleme verbunden:

1. Der wesentliche Störanteil liegt nicht im Bereich der Statistik, sondern ist partiell determiniert, so daß die erwartungwertbasierte Störtheorie nur partiell hilfreich ist.

2. Der Varianzbereich der involvierten Parameter, die selbst nicht zur Bedeutung der Szene beitragen (z.B. Helligkeitsschwankungen), ist sehr groß.

3. Die limitierten Rechnerresourcen erfordern eine effiziente Dimensionsreduktion mit verschiedenen sich ergänzenden Methoden (z. B. Aufmerksamkeitssteuerung).

4. Die Sicherheit der Deutung muß sehr hoch sein, so daß Redundanz in systematischer Weise konstruktiv zu nutzen ist.

5. Objekte sind sowohl rigide als auch nicht-rigide Körper (z.B. Fußgänger), die damit flexibel zu charakterisieren sind.

6. Zum Bedeutungsgehalt einer Szene tragen nicht nur die identifizierten Objekte sondern auch der „Hintergrund" und Kontextwissen bei (z.B. Verkehrsregeln, Fahrspurverlauf).

Die vorliegende Arbeit greift naturgemäß aus dem skizzierten Problemspektrum nur einen Teil heraus. Sie ist darüber hinaus methodisch orientiert und gliedert sich in das in der Entwicklung befindliche Fahrerassistenzsystem des Institutes für Neuroinformatik [32, 106, 107, 52, 49] ein.

Aufgrund mehrjähriger Erfahrung hat sich herausgestellt, daß die Verteilung statistischer Merkmale außerordentlich robust ist, wenn es gelingt, adäquate Elemente und deren Distanzmaße zu definieren. Dies ist ein Kernthema dieser Arbeit. Ferner werden integrierte abstrakte Merkmale quantifiziert und nicht-rigide Objekte untersucht. Damit wird der Weg zur Schaffung einer „Bildsprache" beschritten, die einer aufgabenabhängigen Repräsentation bedarf, die auf einer adäquaten Struktur (Architektur) realisiert werden muß. Wichtig ist dabei in allen Fällen eine zeitliche Stabilisierung der Ergebnisse auf einer Zeitskala, die außerhalb der Szenendynamik liegt.

Die Hauptkomponente dieser Arbeit ist die Entwicklung verschiedener Verfahren zur Distanzmessung von Verteilungen statistischer Merkmale zur Objekterkennung. Die verschiedenen Verfahren operieren auf unterschiedlichen Niveaus mit unterschiedlichen Zielsetzungen zur Bestimmung von Objektähnlichkeiten. Diese Arbeit beschränkt sich auf die Analyse von Grauwertbildern, da Farbkameras aufgrund des höheren Kostenfaktors sowohl für die Kamera als auch für die Bildverarbeitungshardware (es müssen drei Farbkanäle bearbeitet werden) zur Zeit nicht eingesetzt werden. Die in dieser Arbeit vorgeschlagenen Methoden lassen sich jedoch auf eine Farbbildauswertung übertragen.

Die Arbeit gliedert sich in acht Kapitel.

In Kapitel 2 wird ein Überblick über derzeitige Methoden der Objekterkennung und eine Einordnung dieser Arbeit gegeben.

In Kapitel 3 werden verschiedene statistische Merkmale zur Objekttexturbeschreibung vorgestellt. Insbesondere die Maße der Grauwerthistogramme und der *Cooccurrence*-Matrizen werden im weiteren als Basismerkmale zur Objekterkennung genutzt.

In Kapitel 4 wird die lokale Bildentropie, ein informationstheoretisches Maß, definiert. Mit Hilfe dieses Maßes wird eine Aufmerksamkeitssteuerung realisiert, die das Sichtfeld der Kamera auf die zur Lösung der Aufgabe unbedingt notwendigen Bildbereiche begrenzt.

In Kapitel 5 wird das komplexe Objektmerkmal der „Symmetrie" zur Objekterkennung genutzt. Alle Verkehrsteilnehmer weisen eine vertikale Symmetrie in unterschiedlichen Stärken auf. Zur Erkennung dieser wird ein Ähnlichkeitsmaß

als Optimierungsfunktion unter einer Nebenbedingung definiert, deren Zielfunktion ein Abstandsmaß aus Kapitel 6 ist.
In Kapitel 6 werden verschiedene Basismethoden der Literatur zum Vergleich von Verteilungen im Zusammenhang der Wiedererkennung von Objekten erläutert. Die Verteilungen basieren auf Texturbeschreibungen.
In Kapitel 7 wird die Bekanntheit eines Objektes durch eine Texturbeschreibung aus den in Kapitel 3 eingeführten Cooccurrence-Matrizen abgeleitet. Zur Wiedererkennung dieses Objektes wird ein Distanzmaß entwickelt, dessen Meßfunktion als Optimierungsproblem formuliert ist, um Objektveränderungen konstruktiv zu erfassen. Auf Basis dieser Distanz wird für eine bekannte Verteilung eines Objektes die ähnlichste Verteilung im Bild gefunden. Mit Hilfe dieses Vorgehens wird eine robuste Verfolgung veränderlicher Objekte über die Zeit abgeleitet.
Zur Organisation des gesamten Objekterkennungsprozesses werden, wie in Kapitel 8 vorgestellt, alle Teilmodule der Kapitel 3 bis 7 auf Basis einer dynamischen Repräsentation (Architektur) integriert und Kontextwissen in Form einer Fahrspurverlaufsschätzung integriert.
Die Arbeit endet mit einer Diskussion der Ergebnisse und einer Zusammenfassung mit Ausblick.

Kapitel 2

Erkennung veränderlicher Objekte

Das Interesse an bildanalysierenden Verfahren in industriellen Applikationen hat in den vergangenen Jahren stark zugenommen. Die meisten vorgeschlagenen Lösungen der Bildverarbeitungsaufgaben fordern klar strukturierte Randbedingungen wie steuerbare Beleuchtungsverhältnisse, Einschränkung der Anzahl und Art der Objekte und die Forderung nach einem nicht bewegten Beobachter, das heißt einem stationären Sensor. Die Breite des Applikationsfeldes dieser Lösungen wird hierdurch stark eingeschränkt. Zum Beispiel existieren bereits elaborierte Bildverarbeitungslösungen [65] für die Qualitätskontrolle in der Produktion, bei der die Qualität von Papier oder Stoffen automatisch untersucht werden soll.

Seit geraumer Zeit ist jedoch das industrielle Interesse an der herausfordernden Aufgabe der dynamischen Szenenanalyse in natürlichen Umwelten gestiegen. Insbesondere Überwachungsaufgaben sollen unter variablen Randbedingungen teil- bzw. vollautonom gelöst werden. Man denkt hier an die Erhöhung der Sicherheit auf öffentlichen Plätzen (wie z. B. Bahnhöfen) durch eine automatische Überwachung. Des weiteren ist die Lösung von Navigationsaufgaben autonomer Fahrzeuge oder Roboter von aktuellem Interesse. In diesem Zusammenhang beschäftigt sich die vorliegende Arbeit mit der Analyse von Verkehrsszenen, die vom Kraftfahrzeug heraus beobachtet werden. Die Aufgabe besteht in der Extraktion verhaltensrelevanter Informationen einer Szene durch die Erkennung und Attributierung aller Objekte der Umwelt. Die Wahrnehmung erfolgt mittels bildgebender Sensoren, in diesem Fall der Videokameras.

Lösungen der Objekterkennungsaufgabe lassen sich in den meisten Fällen in zwei Teillösungen von Subproblemen aufteilen: Zum einen die initiale Segmentierung, die eine gezielte aufgabenspezifische Selektion bestimmter Bildbereiche zur Reduktion der hohen Datenmenge des bildgebenden Sensors durchführt, und zum anderen die Objekterkennung, die anhand objekttypischer Merkmale eine Erkennung oder Wiedererkennung realisiert.

2.1 Initiale Segmentierung

Ein wichtiger Bestandteil des Sehprozesses ist die zielgerichtete Steuerung des Aufmerksamkeitsbereiches. Im Gegensatz zu biologischen Systemen, bei denen durch die Bewegung des Kopfes und der Augen die Blickrichtung gesteuert wird, werden in technischen Systemen in den meisten Fällen nichtbewegliche Kameras eingesetzt, da aktiv bewegte Kameras einen zusätzlichen Kostenaufwand darstellen, der im Hinblick auf ein Produkt jedoch möglichst gering gehalten werden muß. Bei feststehenden Kameras kann eine Aufmerksamkeit durch verschiedene Verarbeitungsmethoden realisiert werden, die in Abhängigkeit von Perzepten wie Farbkontrast und Bewegung die Aufmerksamkeit auf zu untersuchende Bildbereiche des Gesamtbildes lenken. Gerade in der Verkehrsszenenanalyse nimmt die Kamera ein großes Sichtfeld der Fahrumgebung auf. Jedoch sind für die Lösung der Bildverarbeitungsaufgabe lediglich Objekte wie weitere Verkehrsteilnehmer und der Fahrraum von Interesse. Da des weiteren die Rechenresourcen begrenzt sind, ist eine Analyse auf die für die Lösung notwendigen Bildbereiche zu begrenzen, was als initiale Segmentierung bezeichnet wird.

Ziel der initialen Segmentierung ist es, die hohe Datenmenge des bildgebenden Sensors auf die zur Lösung der Aufgabe notwendigen Bildteile zu konzentrieren, um somit eine zeitlich effiziente Verarbeitung zu gewährleisten. Dieses Vorgehen ist insbesondere dann erforderlich, solange kein weiteres Modellwissen oder A-priori-Wissen über die zu analysierende Szene bekannt ist.
Zum einen kann diese Reduktion modellgetrieben realisiert werden, wenn der Bildraum (z. B. die Fahrspur oder das Fließband) bekannt ist, in dem das Objekt erwartet wird. Auf der anderen Seite kann eine datengetriebene Selektion erfolgen. Hierzu werden Objektmerkmale wie Farbe [36], Bewegung [62] oder auch Kombinationen [94] dieser genutzt. Diese Verfahren stellen dezidierte Anforderungen an das zu detektierende Objekt. Das Farbmerkmal sorgt zwar für eine Erhöhung des Kontrastes jedoch muß das Objekt eine eindeutige Farbkennzeichnung aufweisen, um eindeutig detektiert zu werden. Ist dies gegeben, dann kann eine Objektverfolgung hiermit realisiert werden. In der Verkehrsszenenanalyse ist das Farbmerkmal vordergründig zur Verkehrszeichenanalyse eingesetzt worden. Ähnliches gilt für die Bewegungsdetektion, die bei gegebener Eigenbewegung eine relative Bewegungsanalyse ist. In [110] ist eine Spezialhardware, die eine Orts- und Zeitfilterung realisiert, eingesetzt worden. Die Ableitung in Ort und Zeit sorgt für eine erhöhte Empfindlichkeit gegenüber Rauschen. Nachteilig ist beiden Verfahren der erhöhte Kostenfaktor gemeinsam.

Neben den monokularen Bildakquisitionssystemen werden binokulare Kamerasysteme zur Vorstrukturierung des Bildmaterials genutzt. Im System ANTS [30] wird auf Basis der berechneten Disparitäten, d.h. Verschiebungen der Bildelemente, eine Tiefenkarte erzeugt, die eine Einteilung des Bildraums an Hand der geschätzten Abstände zum Sensor erlaubt. Im System ARGO [6] ist

das *inverse perspective mapping* eingesetzt worden [69]. Hierbei werden unter der Annahme, daß eine flache Ebene beobachtet wird, in der Höhe erhabene Hindernisse als Verletzung dieser Annahme erkannt. Beide Verfahren haben in Abhängigkeit der gewählten Basisbreite der Kameras (Abstand der Kameras) nur eine beschränkte beobachtbare Detektionstiefe, was eine Beschränkung auf Applikationen im städtischen Verkehr zur Folge hat. Auch hier bedeutet eine zweite Kamera immer einen erhöhten Kosten- und Rechenaufwand.
Des weiteren sind Tiefeninfomationen durch aktive Sensoren wie Radar- oder Lidarsysteme zu gewinnen. Hierbei gehen die Entwicklungen soweit, daß wie in [100] und [73] eine Tiefenkarte aus einem bildgebenden Sensor erstellt wird. Zum Beipiel der im MINORA Projekt erstellte Laserabstandssensor leistet bei einer Auflösung von 16×64 Bildpunkten eine Tiefenauflösung von 0.1 m. Diese ist bei weitem noch nicht so hoch wie bei den handelsüblichen Kameras (Deren Auflösung kann bis zu 4096×4096 Bildpixel betragen). Ein Vorteil dieses Sensors ist die geringe Empfindlichkeit gegenüber Helligkeitsvariationen und sich ändernden Wetterbedingungen. Jedoch der kleine Öffnungswinkel des Sensors läßt keine vollständige Szenenanalyse sondern nur die Teillösung als Abstandswarnsystem zu.
Als weitere Sensoren sind Infrarotkameras denkbar, die bei niedriger Umgebungstemperatur Körper höherer Temperatur einfach detektieren lassen und auch schon in mit Videokameras vergleichbarer Auflösung und in ungekühlter Bauform erhältlich sind [24]. Jedoch haben Feldversuche gezeigt, daß bei steigender Außentemperatur die Detektionsfähigkeit stark zurückgeht. Des weiteren ist die Voraussetzung der Wärmeabstrahlung nicht für alle Körper einer Szene gegeben. Eine Kombination einer Videokamera und einer Infrarotkamera sind in [2] vorgeschlagen worden, die dieses bestätigen.

Zusammenfassend kann man sagen, daß eine Kombination der verschiedenen Sensoren sicherlich zu einer Erhöhung der Schätzgüte führt und somit zu höherer Robustheit, jedoch zur flexiblen und robusten initialen Segmentierung liefern die hochauflösenden Videokameras das beste Sensorsignal [48].

2.2 Modellbasierte Objekterkennung

Eine elementare Leistung des biologischen Sehsystems ist die Erkennung von Objekten. Genauer gesagt, ist damit die Wiedererkennung von bekannten Objekten gemeint. In technischen Systemen ist eine exakte Charakterisierung des Objektes, das Modell, nötig, um eine zeitliche Zuordnung der Positionen eines Objektes in der Welt leisten zu können. Die Größen der Translation, der Skalierung, der Rotation und der Objektdeformation sind hierbei zu erfassen. Aufgrund der Variabilität der durch die Umwelt erzeugten Randbedingungen muß dieser Prozeß ein hohes Maß an Robustheit aufweisen.
Einfachste Verfahren korrelieren als Intensitätswertverteilung gegebene Modelle mit dem Bild und detektieren Orte hoher Korrelation. Die Grenzen dieses Ver-

fahrens werden schnell durch die Variabilität der Objekte (Umwelt) aufgezeigt. Des weiteren sind lediglich Translationen detektierbar. Ändert sich der Abstand zwischen Sensor und Objekt, so führt dies zu einer Größenänderung (Skalierungsänderung). Eine Variation der Helligkeit führt zu weiteren Problemen.
In den meisten Anwendungsfällen wird eine Lösung der Objekterkennungsaufgabe auf Basis der Objektform als Modell zum „Wiederfinden" des Objektes genutzt. In [76] werden hierzu aus dem Grauwertbild primitive Merkmale wie Konturpunkte extrahiert, die dann wiederum in höherwertige Merkmale wie Linien- und analytische Kurvensegmente zusammengefaßt werden, was für eine hohe Datenreduktion sorgt. Anschließend wird für ein gegebenes generisches Modell mit Hilfe eines Korrelationsverfahrens unter vollständiger Suche auf dem Merkmalraum in einem Optimierungsprozeß das gesuchte Objekt wiedergefunden. Zum einen ist es äußerst diffizil, eine geeignete innerhalb einer Klasse konsistente Objektbeschreibung zu finden, und zum anderen muß immer ein Satz verschiedener Modelle einer Datenbank mit dem Bild verglichen werden. Sollen nicht-rigide Objekte erkannt werden, so verkompliziert sich die Modellbeschreibung. Zum Beispiel werden in [28] für die Objektklasse der Fußgänger die Phasen der Arm- und Beinbewegung durch ein physikalisches Modell (gekoppelte Ellipsoide) approximiert. Die hohe Anzahl der Parametern und die Kenntnis der Objektklasse spricht gegen diese Methode, da dann ein Objekt zuerst klassifiziert werden muß, um eine objektspezifische Modellaktualierungsfunktion zu applizieren. Eine allgemeine, das heißt für alle Objekte identische Modellaktualierungsfunktion wird äußerst komplex und aufgrund der hohen Anzahl der Parameter nicht handhabbar sein. Des weiteren ist die physikalische Modellbeschreibung eine unnötig komplexe Beschreibung, solange nicht die exakte Position der Arme bzw. Beine von Interesse ist. Hierbei ist mit einer weitaus komplexeren Problemlösung zu rechnen. Für die meisten Objektklassen führt dieses Vorgehen zu keiner allgemeingültigen Lösung.
Des weiteren können die Veränderungen des spezifischen Objektes über die Zeit gelernt werden. Das Erlernen des Modells läßt zwar eine klassenunspezifische Anpassung zu, bringt aber die Problematik des Hintergrundlernens mit sich. Eine Trennung der über die Zeit verfolgten Merkmale nach Objekt- und Hintergrundzugehörigkeit ist nur schwer zu realisieren. Es besteht die Gefahr, mit der Zeit die Verteilung der Merkmale des Hintergrundes zu erlernen.

2.3 Zusammenfassung und Motivation der Arbeit

Nicht nur gesteigerte Rechnerleistung, sondern auch die Vielzahl der zur Verfügung stehenden Methoden lassen das Fernziel der automatisierten Auswertung komplexer Szenen in natürlicher Umwelt realistischer werden. Szenen in natürlichen Umgebungen bringen eine Vielzahl durch den Beobachter nicht beeinflußbarer Randbedingungen mit sich. In dieser Arbeit gestaltet sich die Bildanalyse aufgrund der Eigenbewegung des Beobachters schwierig, da sich in Abhängigkeit der Eigengeschwindigkeit in der Welt statische Objekte im Bild zu bewegen scheinen. Weitere Schwierigkeiten sind durch die sich ständig ändernden Umweltbedingungen, wie z. B. variable Beleuchtungsverhältnisse, gegeben.

Ziel dieser Arbeit ist es, ein texturbasiertes Objekterkennungssystem zu entwickeln, das eine Verkehrsszenenanalyse über die Zeit ermöglicht. Die Objekte der Szene werden im Hinblick auf eine Realisierung verschiedener „Fahrerassistenzfunktionalitäten“ beschrieben. Primär ist hierbei an eine aktive Unterstützung des Fahrers gedacht, die für eine Erhöhung seiner eigenen Sicherheit sorgt. In dieser Arbeit ist erweiternd zu den bisher auf diesem Gebiet geleisteten Arbeiten besonderes Augenmerk auf die Erkennung formveränderlicher, also nicht-rigider Objekte wie Zweiradfahrer und Fußgänger gelegt worden. Diese beiden Gruppen von Verkehrsteilnehmern sind von besonderem Interesse, da sie sich im Verkehr nur sehr schwer selbst schützen können. Neben dem passiven Schutz, wie dem Tragen reflektierender Kleidung, sind am Objekt (z. B. der Kleidung) zu installierende Warngeräte denkbar (zunehmend besonders bei der jüngeren Klientel der Modeindustrie wird tendentiell immer mehr „High-Tech“ in Kleidung integriert (z. B. das Videospiel oder ein GPS-Empfänger in der Jacke)). Eine vollständige Ausrüstung aller Verkehrsteilnehmer sowohl mit Sendern als auch Empfängern zur Lokalisation der eigenen Position scheint in naher Zukunft nicht realisierbar. Eine Lösung ist die Nutzung der Infrastruktur der Verkehrsteilnehmer Pkw und Lkw, die in Kürze über eine Kamera und einen Bildverarbeitungsrechner mit dem Ziel der Erhöhung der Sicherheit des Fahrers verfügen werden.
Das Interesse der Industrie an diesem Forschungsthema ist gestiegen, seit in der Europäischen Union überlegt wird, ein Gesetz zu erlassen, das die Automobilindustrie zur Entwicklung und Installation von Schutzvorrichtungen für ungeschützte Verkehrteilnehmer zwingt. Auch das BMBF-Projektnetzwerk „Die sichere Straße“ mit dem Teilprojekt „Videobasiertes Assistenzsystem zur Erhöhung der Sicherheit ungeschützter Verkehrsteilnehmer“ (VESUV) zeigt das große Interesse an dieser Entwicklung. Hierdurch wird der bisherige Begriff der „Fahrerassistenz“ auf den Schutz der fahrzeuginternen und der fahrzeugexternen Verkehrsteilnehmer ausgedehnt. Unter diesem Aspekt ist die Lösung des Objekterkennungsproblems in dieser Arbeit zu sehen.

Kapitel 3

Textur

In der klassischen Bildverarbeitung wird die durch das Kamerabild repräsentierte Information in andere Repräsentationen transformiert. Hierdurch soll die Extraktion der für die Aufgabe notwendigen Informationen durch die nachfolgenden Verarbeitungsschritte vereinfacht werden. Diese Transformationen werden Vorverarbeitungsoperatoren genannt und lassen sich grob in zwei Klassen unterteilen: Zum einen bilden differentiell arbeitende Methoden, wie der Roberts- und Sobeloperator [34], Polynomapproximationen [5] und der LOC [29], eine Gruppe der Vorverarbeitungsoperatoren. Zum anderen existieren integrierende texturbeschreibende Vorverarbeitungsmethoden.

Bei den differentiellen Operatoren werden aus der gesamten Bildinformation signifikante Grauwertsprünge (-gradienten), Kanten und Konturen, extrahiert. Diese Verfahren haben den Vorteil, daß nachfolgende Operatoren durch den geringen Datenumfang geringere Rechenzeiten benötigen. Durch den Verlust von Detailinformationen lassen sich diese Methoden nicht für alle Aufgaben hinreichend gut einsetzen. Insbesondere bei der Analyse veränderlicher Objekte ist hierdurch keine geeignete Beschreibung gegeben. Eine Empfindlichkeit gegen kleinen Formveränderungen, die durch einen Schwellwert für die Konturbestimmung verursacht werden können, erschwert die Erkennung nicht-rigider Objekte erheblich. Die Objekteigenschaft „Fläche“ oder „Textur“ bleibt gänzlich unberücksichtigt. Des weiteren ist der Prozeß der Differentiation und der Schwellwertbildung rauschanfällig. Somit ist mit vielen Ambiguitäten bei einem Wiedererkennungsprozeß (Modell-Objekt-Vergleich) zu rechnen.

Gerade bei der Analyse komplexerer Grauwertstrukturen, bei denen nicht nur ein dominantes Objekt bei einfacher Hintergundstruktur existiert, werden die Grenzen der Leistungfähigkeit der differentiellen Methoden deutlich. Eine ausreichende Darstellung der Bildinformation durch Grauwertsprünge ist allein nicht möglich, was die Einführung integrierender Vorverarbeitungsstufen, der Texturanalyse, motiviert. Hierbei wird ein Bildpunkt in Abhängigkeit der Statistik der Bildpunkte seiner Umgebung bewertet.

Unter allen Objekteigenschaften wie z.B. Farbe, Form und Bewegung ist die Textur eines der wichtigsten Attribute. Dies trifft sowohl beim Sehvorgang

Abbildung 3.1: Beispiele einer regulären (links) und einer statistischen (rechts) Textur.

biologischer Systeme als auch in der automatischen technischen Bildverarbeitung zu. Aus der täglichen Erfahrung ist bekannt, daß sowohl deterministische (reguläre) Texturen, die in ihrer Orientierung, Skalierung, Phase und Farbe unterscheidbar sind, als auch statistische Texturen, die sich in ihrem mittleren Farbwert und in ihrer Varianz unterscheiden, wahrgenommen werden können. Abbildung 3.1 zeigt jeweils ein Beispiel für eine reguläre und eine statistische Textur. Dieser Sachverhalt konnte in [46] durch psychophysische Experimente bestätigt werden.

Für den Begriff der Textur wird in der Literatur keine eindeutige Definition gegeben. Grundsätzlich wird mit dem Begriff der Textur immer eine Objektoberflächenbeschreibung verbunden. Allgemeingültig ist Textur eine Beschreibung der Anordnung von Texeln eines Bildes. Texel sind entweder einzelne Pixel oder Pixelgruppen, die für sich wieder eine Textur sein können. Der räumliche und farbliche Zusammenhang der Texel zu anderen Texeln bestimmt die Art der Textur bzw. Texturklasse. Textur ist also per Definition skalierungsvariant. Das räumliche und farbliche Verhältnis der Elemente zueinander gibt an, von welcher Art die Textur ist. Starke Farbschwankungen auf engem Raum ergeben feine Texturen und eine hohe Anzahl größerer Flächen gleicher Farbe ergeben grobe Texturen. Des weiteren kann man schwache und starke Texturen unterscheiden. Schwache Texturen, bei welchen sich keine genaue Struktur definieren läßt, lassen sich adäquat durch statistische Maße beschreiben. Sie finden Anwendung in der Beschreibung meist natürlicher Objekte wie zum Beispiel Blätter, Sträucher, Bäume, aber auch Straßenoberflächen. Starke Texturen hingegen werden durch die genaue Angabe der Texturelemente und deren räumlichen Abstand zueinander bestimmt. Sie werden häufig in künstlich generierten Objekten gefunden (gemauerte Wände, Straßensperren, strukturierte

Oberflächen der Bürgersteige, etc). Diese regulären (deterministischen) Texturen lassen sich durch eine syntaktische Texturbeschreibung charakterisieren. Die syntaktischen Texturbeschreibungen beruhen auf der Analogie zwischen der räumlichen Anordnung von Texturelementen und der Stuktur einer formalen Sprache. Die Worte der Sprache und ihre Grammatik beschreiben jeweils eine Texturklasse. Die zu nutzenden Worte und Regeln der Grammatik können durch einen Trainingssatz an Beispielen der Texturklasse gelernt werden. Der Erkennungsprozeß besteht aus einer syntaktischen Analyse der Texturbeschreibungen. Diese Vorgehensweise impliziert die Annahme, daß die Texturelemente in einem durch Regeln geforderten Abstand zueinander vorliegen. Deshalb findet eine solche Texturanalyse meist nur Anwendungen bei der Untersuchung von künstlich generierten Objektoberflächen. Die meisten in natürlichen Umwelten existierenden Objekte können durch einen solchen Ansatz nur schwer oder gar nicht erfaßt werden. Dagegen eröffnen statistische Texturbeschreibungen ein breiteres Spektrum an Texturbeschreibungsmethoden. Eine Übersicht einer Reihe verschiedener Texturmaße ist in [82] gegeben.

Den größten Anteil der Analyse bzw. der Auswertung eines Grauwertbildes mit Hilfe der Textur bilden in den meisten Anwendungsfällen die Oberflächeninspektion und die Auswertung von Luft- bzw. Satellitenbildern. In Produktionsstraßen für z.B. Papier, Teppich oder Tapeten wird durch eine Kamera eine Qualitätsanalyse des Produktes durchgeführt. Eine Auflistung verschiedener Analysemethoden ist in [65] zu finden. Im Anwendungsfeld von Fernerkundungsbildern werden Texturanalysen zur Klassifikation der vorhandenen Oberflächenstruktur des Landschaftsauschnittes genutzt. Klassen von Interesse sind z.B. Städte, Flüsse, Gewässer, Felder, Wald- und Wiesenbereiche. Ebenso wird zur automatischen Identifikation von Wolkenbildern eine Klassifikation der Wolkenart auf Basis der Texturanalyse eingesetzt [103]. Im Anwendungsbereich der Objekterkennung in der Bildszenenanalyse dagegen ist die Texturanalyse eher selten eingesetzt worden. Die hohe Anzahl verschieden texturierter Objekte stellt hohe Anforderungen an die Texturanalyse. Es werden zwar Algorithmen zur Disambiguierung von unterschiedlich texturierten Flächen erfolgreich eingesetzt, jedoch müssen die Objekte zur eindeutigen Erkennung mit diesen Flächen übereinstimmen. Das heißt, jedes Objekt besteht aus nur einer Textur und ist durch diese vollständig beschrieben. Diese Annahme kann im Zusammenhang mit der Verkehrsszenenanalyse nicht erfüllt werden, da die Objekte keine einheitliche deterministische Oberflächenstruktur haben. Will man Objekte beschreiben, die aus mehreren nicht-deterministischen Texturen bestehen, so ist die einzig denkbare Lösung der Einsatz der statistischen Texturbeschreibungsverfahren.

Die vollständige Verarbeitungskette zur Texturklassifikation des menschlichen Sehsystems ist trotz vieler Untersuchungen und Fortschritte auf diesem Gebiet noch nicht vollständig begriffen. Es wird vermutet, daß ein komplexes Zusammenspiel verschiedener Zellbereiche des Gehirns das Perzept der Textur erzeugt, da z. B. durch eine texturierte Oberfläche eines monokular akquirierten Objekts eine Tiefenwahrnehmung erfolgen kann. In diesem Sinne ist die Texturanalyse auch eine herausfordernde Aufgabe der Bildverarbeitung. Diese komplexe Analyse nimmt signifikant mehr Rechenzeit in Anspruch als einfache geometrische oder farbwertbasierte Merkmalextraktionen wie die Kantendetektion. Eine ungefähre Abschätzung ergibt 100 bis 1000 mal mehr Rechenschritte pro Pixel. Will man eine für die Verkehrsszenenanlyse notwendige schnelle Verarbeitungszeit sicherstellen, so ist an den Einsatz von Spezialhardware zu denken. Dennoch sollte man die kurzen Entwicklungszeitzyklen zur Steigerung des Leistungsgewinns der kommerziellen Hardware bedenken, so daß am Ende der Spezialhardware-Entwicklung eine erwerbbare kostengünstige Standardhardware diese Entwicklung obsolet machen kann. Dieses Thema wird zur Zeit kontrovers in der Industrie und Forschung diskutiert.

Im allgemeinen existieren drei große Anwendungsfelder der Texturanalyse:

- die Oberflächeninspektion (Messung der Abweichung von der geforderten Textur), die zur Qualitätskontrolle in der Produktion von Holz, Papier, Metallen oder Stoffen eingesetzt wird,
- die Objekterkennung, wobei die Textur in den meisten Fällen als additives Merkmal zur Farbe oder Form eingesetzt wird, und
- die Bildsegmentierung, die voraussetzt, daß die Objekte des Bildes sich durch klare Texturunterschiede voneinander separieren lassen.

Im einzelnen liegen die folgenden Verarbeitungsschwerpunkte zugrunde [21]:

1. Für ein Bild, das aus verschiedenen texturierten Bereichen besteht, gilt es, die Begrenzungen zwischen den Texturen im Bild zu finden.
2. Für einen gegebenen texturierten Bildausschnitt soll ein entsprechendes Texturmodell bestimmt werden.
3. Für einen gegebenen texturierten Bildausschnitt soll die Klassenzugehörigkeit aus einer Klassendatenbank geschätzt werden.

Verschiedene Verfahren zu diesen drei Punkten werden in dieser Arbeit in einem Objekterkennungsystem vorgestellt. Punkt eins ist ein Bildsegmentierungsmodul. In Kapitel 4 wird analog dazu eine initiale Segmentierung des Bildes auf Basis der Analyse der Strukturiertheit des Bildes durchgeführt. Punkt zwei beschreibt die Generierung von Modellen für Texturen, die ein gegebenes Objekt optimal beschreiben. Auf Basis eines Modells läßt sich ein Objekt über die Zeit zum Zwecke der Verfolgung wiedererkennen. In Kapitel 7 wird eine Methode zur Objektverfolgung auf Basis einer Texturbeschreibung des Objektes realisiert. Der letzte Punkt charakterisiert eine typische Musterklassifikationsaufgabe auf Basis von Merkmalvektoren.

Im folgenden wird eine Aufstellung über verschiedene statistische Texturbestimmungsmethoden gegeben. Diese Aufstellung ist sicherlich nicht vollständig, diskutiert aber alle gängigen Verfahren.

Merkmalanzahl	Prinzip	Referenz
33	Ring- und Keilanalyse des Ortfrequenzraums	[88]
16	geometrische Eigenschaften binärer Bilder	[13]
20	Lauflängen der Grauwerte	[27]
14	lokale Operatoren	[95]
12	Gabor Wavelets	[25]
21	Daubechies Wavelets	[64]
7	Markov Random Fields	[55]
6	autoregressive Modelle	[70]
10	fraktale Boxdimension	[88]
47	fraktale Grauwertdimension	[79]
14	Grauwert-Statistiken zweiter Ordnung	[33]
32	Summen und Differenzen der Grauwerthistogramme	[105]
18	histogrammbasierte Merkmale	[3]

In der statistischen Texturbeschreibung wird die Textur so charakterisiert, daß eine statistische Musterauswertung optimal auf dieser Beschreibung operieren kann. Ziel ist es, jede Textur durch einen Merkmalvektor in einem mehrdimensionalen Vektorraum zu repräsentieren, um durch geeignete Meßmethoden und Entscheidungsregeln die Textur einer bestimmten Klasse zuzuordnen oder verschiedene Texturen miteinander zu vergleichen. Die Größe des Merkmalvektors ist, wie aus obiger Tabelle ersichtlich, von der gewählten Methode abhängig. Einen Überblick der verschiedenen Verfahren geben die nächsten Abschnitte.

Für die nächsten Abschnitte des Kapitels wird ein Grauwertbild mit $G(x, y)$ bezeichnet und liegt als Matrix der Größe $M \times N$ vor. Es gilt $x = \{x \in \mathbb{N}^+ \mid 1 \leq x \leq M\}$ und $y = \{y \in \mathbb{N}^+ \mid 1 \leq y \leq N\}$ mit $M \in \mathbb{N}^+$ und $N \in \mathbb{N}^+$. Ebenfalls gilt $G(x, y) = \{G(x, y) \in \mathbb{N}^+ \mid 1 \leq G(x, y) \leq C\}$ mit $C \in \mathbb{N}^+$.

3.1 Ortsfrequenzen

Die Ortsfrequenzanalyse gehört zu einer der größten Gruppen der Texturanalysemethoden, da der Charakter der Textur in starkem Maße von der räumlichen

Ausdehnung der Texturelemente abhängt und Periodizitäten sehr gut durch eine Frequenzbetrachtung herauszufiltern sind. Grobe Texturen werden durch größere und feine Texturen durch kleinere Texel erzeugt. Eine der im Zusammenhang mit der Ortfrequenzanalyse erfolgreich eingesetzte Methode ist die Autokorrelationsfunktion (AKF) R_{GG} als Maß der Textur. Hierbei wird ein Farbwertpixel als Texturelement angesehen, wobei die Korrelationskoeffizienten eine lineare räumliche Beziehung der Texturelemente repräsentieren. Wird die räumliche Entfernung der Texturelemente vergrößert, so führt das zu einem langsamen Abfall des AKF-Wertes. Ein schneller Anstieg erfolgt bei räumlich nah beieinander liegenden Texeln. Die Autokorrelationsfunktion wird unter der Variation der Parameter $p \in \mathbb{N}^+$ und $q \in \mathbb{N}^+$ folgendermaßen berechnet:

$$R_{GG}(p,q) = \frac{MN}{(M-p)(N-q)} \frac{\sum_{x=1}^{(M-p)} \sum_{y=1}^{(N-q)} G(x,y)G(x+p,y+q)}{\sum_{x=1}^{M} \sum_{y=1}^{N} G^2(x,y)}, \tag{3.1}$$

wobei $p = \{p \in \mathbb{N}^0 \mid 0 \leq p \leq (M-1)\}$ und $q = \{qp \in \mathbb{N}^0 \mid 0 \leq q \leq (N-1)\}$ sind. Unter Variation der Parameter p und q wird ein geeigneter Merkmalvektor erstellt, der zur weiteren statistischen Mustererkennung ausgewertet wird. Diese Beschreibung läßt sich ebenfalls durch eine Fourier-Transformation erreichen, die ein optimales Werkzeug zur Beschreibung der Ortsfrequenzen ist.

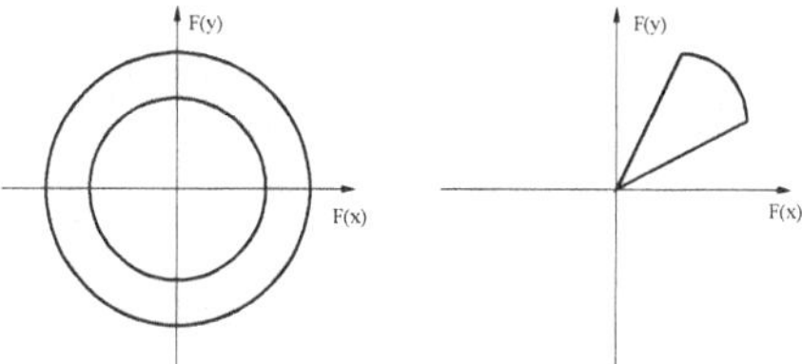

Abbildung 3.2: Ortfrequenzanalyse durch Auswertung von Frequenzringen und -keilen. $F(x,y)$ entspricht dem Ortsfrequenzraum des Bildes $G(x,y)$.

Die Auswertung erfolgt hierbei wie in Abbildung 3.2 dargestellt durch die Analyse von Frequenzringen und Keilen. Merkmale, die aus Frequenzringen abgeleitet werden, beschreiben die Körnigkeit der Textur. Hohe Werte in den äußeren Ringen, Bereiche hoher Frequenzen, zeugen von einer feinen Textur und Ringe mit einem kleinen Radius deuten auf Texturen mit grober Struktur. Mit Hilfe der Analyse der Keile läßt sich eine Hauptrichtungsangabe der Textur berechen. Ist ein Keil hohen Energiebeitrages zu finden, so deutet das auf eine große Häufung von Linien bzw. Kanten in eine um 90 Grad zur Keillage verschobene Richtung hin. Die Analyse auf Basis der Ortfrequenzen ist zwar sehr effektiv, läßt aber einige Probleme ungelöst. Ist das Grauwertbild zum Beispiel verrauscht, so sind nur bestimmte Merkmale, die gegen additives Rauschen invariant sind, zu berücksichtigen [68]. Insbesondere ist diese Art der Beschreibung nicht gegen eine monotone

Grauwert-Transformation invariant. Zusätzlich ist in [109] gezeigt, daß der rein ortsfrequenzbasierte Ansatz nicht so effizient ist wie andere Ansätze. Deshalb ist in [86] eine Kombination von Orts- und Ortsfrequenzanalyse vorgeschlagen, welche zu besseren Ergebnissen führt.

3.2 Kantenbasierte Texturanalyse

Textur läßt sich nicht nur durch die Beziehung von Farbwerten zueinander, sondern auch auf der Basis eines Kantenbildes beschreiben. Abhängig von der Filtermaske können schmale bis breite Kanten detektiert werden. Das einfachste Kantendetektionsfilter ist hierbei durch den Roberts-Operator gegeben. Hier werden Beziehungen der Pixelpaare oder -gruppen bewertet. Eine Funktion $D_a(x,y)$, die ähnlich der negativen Autokorrelationsfunktion ist und mit einem Abstandsmaß $a \in \mathbb{N}$ parametrisiert wird, beschreibt die Beziehung der Gradientenwerte in vier verschiedenen Richtungen zu dem betrachteten Pixel.

$$\begin{aligned} D_a(x,y) &= |G(x,y) - G(x+a,y)| + |G(x,y) - G(x-a,y)| \\ &+ |G(x,y) - G(x,y+a)| + |G(x,y) - G(x,y-a)| \end{aligned} \tag{3.2}$$

Das Funktionsminimum von $D_a(x,y)$ ist gleich dem Maximum der Autokorrelationsfunktion und umgekehr. Des weiteren lassen sich andere Texturmaße ableiten, die auf der ersten oder zweiten Ableitung des Bildes operieren:

- Gradientendichte,
- Kontrast,
- Gradientenrichtung,
- Gradientenbetrag,
- Periodizität,
- Kompaktheit und
- Linearität.

Vorteile dieser Texturbeschreibung liegen in der schnellen Berechnung der Merkmale. Nachteilig wirkt sich die differentielle Arbeitsweise in Bezug auf die Rauschanfälligkeit der Operatoren aus. Eine rauschtolerante Version eines Texturklassifikators basierend auf dem Canny-Edge-Detector ist in [58] gegeben, bei dem periodische Maße operierend auf einer rauschunanfälligen Kantendetektion zur Texturbeschreibung genutzt werden.

Des weiteren lassen sich die Gradientenbilder $D_a(x,y)$ durch eine Schwellwertoperation (mit Schwellwert $\tau \in \mathbb{N}^+$) binarisieren.

$$D_a^{Schwelle}(x,y) = \begin{cases} 1 & : \quad D_a(x,y) \geq \tau \\ 0 & : \quad \text{sonst} \end{cases} \tag{3.3}$$

In [13] ist eine Vielzahl verschiedener Texturmaße zu finden. Auf Basis verschiedener Schwellwerte τ wird eine Sequenz von Binärbildern berechnet. Es werden im ganzen 16 Merkmale aus den geometrischen Eigenschaften der sich ergebenden Regionen berechnet.

3.3 Länge der Elemente

Bei vielen Texturen erwartet man, daß eine Anzahl benachbarter Pixel durch denselben Farbwert vertreten ist. Eine große Anzahl gleicher Farbwerte läßt auf eine grobe Textur schließen, wohingegen eine geringe Anzahl auf feine Texturen schließen läßt [27]. Es kann eine Matrix B_{ar} erstellt werden, in der die Lauflängen $r = \{r \in \mathbb{N}^+ \mid 1 \leq r \leq N_r\}$ und die Farbwerte $a = \{a \in \mathbb{N}^+ \mid 1 \leq a \leq L\}$ gegeneinander aufgetragen sind, wobei $N_r \in \mathbb{N}^+$ und $L \in \mathbb{N}^+$ gilt. Als Lauflänge wird hierbei ein eindimensionaler Bildausschnitt bezeichnet, bei dem die Richtung des Laufweges von Bedeutung ist. Für verschiedene Laufrichtungen werden unterschiedliche Matrizen erstellt, die durch Summation zu einer Rotationsinvarianz dieses Maßes führen. K ist ein Normierungsfaktor und wird gemäß $K = \sum_{a=1}^{L} \sum_{r=1}^{N_r} B_{ar}$ bestimmt. Aus den Matrixelementen lassen sich fünf zur Texturbeschreibung effiziente Merkmale ableiten:

- Betonung der kurzen Lauflängen

$$\frac{1}{K} \sum_{a=1}^{L} \sum_{r=1}^{N_r} \frac{B_{ar}}{r^2} \, , \tag{3.4}$$

- Betonung der langen Lauflängen

$$\frac{1}{K} \sum_{a=1}^{L} \sum_{r=1}^{N_r} B_{ar} r^2 \, , \tag{3.5}$$

- Farbwertverteilung

$$\frac{1}{K} \sum_{a=1}^{L} (\sum_{r=1}^{N_r} B_{ar})^2 \, , \tag{3.6}$$

- Lauflängenverteilung

$$\frac{1}{K} \sum_{r=1}^{N_r} (\sum_{a=1}^{L} B_{ar})^2 \text{ und} \tag{3.7}$$

- prozentualer Anteil der Elemente dieser Laufrichtung an der Gesamtzahl aller Pixel K_{pix} des Bildes

$$\frac{K_{pix}}{\sum_{a=1}^{L} \sum_{r=1}^{N_r} B_{ar}} \, . \tag{3.8}$$

3.4 Wavelets

Zur Analyse von Texturen lassen sich die in Abschnitt 3.1 beschriebenen Ortsfrequenzen (Fourier-Spektren) nutzen. Wavelets, wie Gaborfilter, sind in der Lage, bestimmte Wellenlängen und Orientierungen eines Bildes innerhalb eines bestimmten Frequenzbandes herauszufiltern. Da das Gaborfilter ein Quadraturfilter ist, kann die Energie des Signals (Bildes) innerhalb eines Frequenzbandes durch das Betragsquadrat der komplexen Filterantwort berechnet werden. Für die Wellenlängen und Orientierungen wird ein Parametersatz definiert, für den die Signalenergie als Textur beschreibendes Maß berechnet wird. Dieses Vorgehen ist von vielen Autoren vorgeschlagen worden. In [25] ist dieses beispielhaft nachzulesen. Ebenso ist in [64] ein Satz von Daubechies-Wavelets genutzt worden, um eine Texturanalyse durchzuführen. In diesem Ansatz werden die Energien verschiedener Filter als Texturmerkmale ausgewertet.

3.5 Modell basierte Texturanalyse

Der Ansatz der Markov Random Fields modelliert die Texturmerkmale, indem alle Grauwerte des Bildes als eine Funktion der Grauwerte einer lokalen Pixelumgebung beschrieben werden. Jedes Pixel wird also durch seine Nachbarschaft beschrieben. Es wird ein Nachbarschaftsmodell für jede Texturklasse definiert. Mit Hilfe dieses Modells wird der Fehler berechnet, den die lokale Nachbarschaft des Pixels gegenüber dem angenommenen Modell erzeugt. Dieser Fehler kann als Texturähnlichkeitsmaß genutzt werden.

Auch autoregressive Modelle kommen zur Texturanalyse zum Einsatz. Zum Beispiel wird in [70] ein autoregressives Modell zur Texturklassifikation eingesetzt. Die zugrunde liegende Idee dieses SAR (simultaneous autoregressiv) Modells ist die Betrachtung der Grauwerte als eine Funktion der Nachbarschaftsgrauwertverteilung. Die damit verbundenen Modellparameter einer Texturklasse werden mit einer kleinsten Quadrate-Technik geschätzt und als Texturmerkmale genutzt. Dieser Ansatz ist dem Markov Random Field sehr ähnlich.

3.6 Fraktale Dimension

Ein weiterer Ansatz der Texturbeschreibung ist durch Fraktale gegeben. Pentland hat in [80] eine Beziehung zwischen der fraktalen Dimension und der Texturstruktur hergestellt, und Keller, Chen und Crownover haben in [56] eine Klasse von Texturmaßen, basierend auf der fraktalen Dimension und Lakunen (Lücke, Vertiefung, Ausbuchtung) eingeführt. Yahiaoui und Blancard haben in [111] eine Fahrbahnerkennung auf der Basis der "Hausdorff-Besicovitch"-Dimension [79] und einem neuronalen Netz vorgestellt. Ein Nachteil eines solchen Ansatzes stellt die große Berechnungsdauer fraktaler Dimensionen dar. Des weiteren haben Erfahrungen gezeigt, daß die fraktale Dimension zur Texturbeschreibung natürlicher Objekte allein nicht ausreichend ist.

Grundsätzlich lassen sich zwei verschiedene Berechnungsvorschriften zur Texturanalyse durch Fraktale angeben. Die erste Methode operiert auf Gradientenbildern und wird als Boxdimension bezeichnet. Wie der Name schon sagt, geht es darum, die Bildstruktur auf verschiedenen Körnigkeiten zu beschreiben. Dabei werden die Boxen, in die das Bild unterteilt wird, in ihrer Skalierung variiert. Im einzelnen wird das binäre Kantenbild mit einem Gitter der Kantenlänge $r \in \mathbb{N}^+$ überzogen. Es ergeben sich $N(r) \in \mathbb{N}^+$ Quadrate, in denen sich mindestens ein Wert gleich eins befindet, also der Gradient nach Gleichung 3.3 oberhalb der Schwelle τ liegt. Die fraktale Dimension D wird dann mit einer linearen Regression in doppelt-logarithmischer Darstellung der folgenden Gleichung gewonnen

$$N(r) = \frac{1}{r^D} \quad , \tag{3.9}$$

wobei der Parameter $r \in \{r_{min}, \ldots, r_{max}\}$ variiert wird.

Die zweite Methode ist in [79] vorgeschlagen worden. Sie basiert auf der Analyse der Grauwertveränderung in einem iterativen Prozeß. Die Idee ist, ein Volumenwachstum, welches durch die Veränderung einer unteren und oberen Begrenzungsfläche der Grauwertverteilung des Bildes gegeben ist, zu erzeugen. Dieses Anwachsen ist ein Maß der fraktalen Dimension. Im einzelnen führen folgende Rechenvorschriften zur Erzeugung dieses Volumens: Initial ist das Volumen gleich null, denn sowohl die untere Fläche b_0 als auch die obere Fläche u_0 sind identisch mit der Grauwertverteilung

$$u_0(x, y) = b_0(x, y) = G(x, y) \ . \tag{3.10}$$

Im folgenden wird eine Sequenz von Flächen parametrisiert mit $\epsilon \in \mathbb{N}^0$ errechnet. Für den Iterationsschritt ϵ ergeben sich die Flächen u_ϵ und b_ϵ wie folgt:

$$\begin{aligned} u_\epsilon(x, y) &= \max\{u_{\epsilon-1}(x, y) + 1, \max\{u_{\epsilon-1}(x', y')\} \text{ mit } |(x, y) - (x', y')| \leq 1\} \\ b_\epsilon(x, y) &= \min\{b_{\epsilon-1}(x, y) + 1, \min\{b_{\epsilon-1}(x', y')\} \text{ mit } |(x, y) - (x', y')| \leq 1\} \quad . \end{aligned}$$

Das entsprechende Volumen v_ϵ ergibt für den Schritt ϵ der Iteration dann als

$$v_\epsilon = \sum_{x=1}^{M} \sum_{y=1}^{N} (u_\epsilon(x, y) - b_\epsilon(x, y)) \tag{3.11}$$

und die Veränderung des Volumens $A(\epsilon)$ als

$$A(\epsilon) = \frac{v_\epsilon - v_{\epsilon-1}}{2} \ . \tag{3.12}$$

Für den Verlauf der Oberfläche $A(\epsilon)$ läßt sich folgender Zusammenhang nachweisen:

$$A(\epsilon) = F\epsilon^{2-D} \ , \qquad (3.13)$$

wobei $D \in \mathbb{R}$ die fraktale Dimension darstellt und $F \in \mathbb{R}$ eine Konstante ist [79]. Auch hier wird auf Basis einer linearen Regression in doppelt-logarithmischer Darstellung die fraktale Dimension D gewonnen.

3.7 Cooccurrence-Matrizen

Eines der elementaren Werkzeuge der Texturbeschreibung steht mit den von Haralick, Shanmugan und Dinstein [33] vorgeschlagenen Cooccurrence-Matrizen zur Verfügung. Hierbei wird die Häufigkeit des Wiederauftretens von Pixelpaaren unter gegebenen Randbedingungen bewertet. Diese Randbedingungen werden durch das Farbwertverhältnis und den räumlichen Abstand in Winkel und Betrag parametrisiert. Eine Definition der Cooccurrence-Matrixelemente folgt:

In einem Bildausschnitt $G(x,y)$ der Größe $M \times N$ ($N \in \mathbb{N}^+$, $M \in \mathbb{N}^+$) und einer maximalen Anzahl verschiedener Grauwerte $C \in \mathbb{N}^+$ werden die Elemente der Cooccurrence-Matrix P_{ab} mit $a = \{a \in \mathbb{N}^+ \mid 1 \leq a \leq C\}$ und $b = \{b \in \mathbb{N}^+ \mid 1 \leq b \leq C\}$ für eine vorgegebene Richtung $\alpha \in \mathbb{R}$ in einem vorgegebenen Abstand $\epsilon \in \mathbb{R}$ wie folgt bestimmt:

$$P_{ab}(\epsilon,\alpha) = \frac{1}{MN} \sum_{x=1,y=1}^{M,N} \delta(\,G(x,y)\,,\,a\,) \quad \delta(\,G(\,(x+\epsilon\cdot\cos\alpha),\,(y+\epsilon\cdot\sin\alpha)\,),\,b\,) \quad . \qquad (3.14)$$

wobei $(\epsilon \cdot \cos\alpha)$ und $(\epsilon \cdot \sin\alpha)$ wieder auf die ganzen Zahlen abgebildet werden und δ die Kronecker-Delta-Funktion ist. Ausgedrückt in Worten repräsentiert ein Matrixelement die Häufigkeit des Auftretens der Pixelpaare $(x,y),(x',y')$ mit $x' = (x + \epsilon \cdot \cos\alpha)$ und $y' = (x + \epsilon \cdot \sin\alpha)$, die der Bedingung $G(x,y) = a$ und $G(x',y') = b$ genügen, d.h. daß an den Stellen (x,y) und (x',y') im Bild die Grauwerte a und entsprechend b gegeben sind.

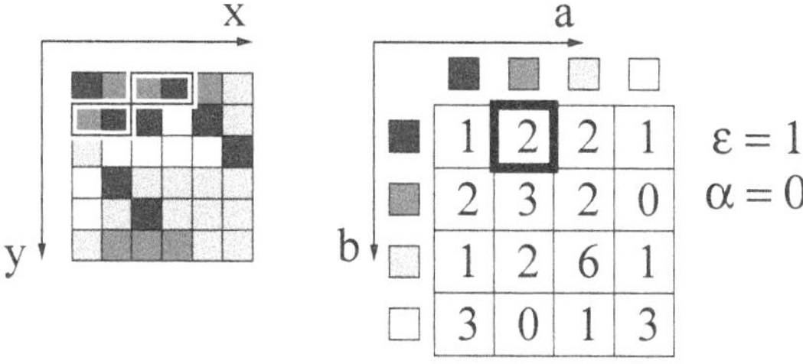

Abbildung 3.3: Beispiel einer Cooccurrence-Matrix bei $C = 4$, $\alpha = 0^o$ und $\epsilon = 1$. Die Matrix ist nicht normiert.

Für die robuste Berechnung von Texturmerkmalen werden die Cooccurrence-Matrizen in den meisten Anwendungen für vier (oder auch acht) mögliche Richtungen $\alpha = (0^o, 45^o, 90^o$ und $135^o)$ und mehrere mögliche Distanzen $\epsilon = (\epsilon_1, \epsilon_2, \ldots, \epsilon_n)$ pro Bild bestimmt. Die Summe über alle Matrizen für eine Distanz sorgt für eine Rotationsinvarianz. Eine Berechnung über verschiedene Abstände erfaßt die Problematik der Skalierungsvarianz. In Abbildung 3.3 ist rechts exemplarisch für den Bildauschnitt links die dazugehörige nicht normierte Cooccurrence-Matrix für die Parameter $\alpha = 0^o$ und $\epsilon = 1$ gegeben.
Julesz [46] erbrachte den Beweis, daß das menschliche visuelle Wahrnehmungssystem Texturen auf der Basis von Cooccurrence-Statistiken auswertet. Haralick. Shanmugan und Dinstein schlugen in [33] insgesamt 14 verschiedene statistische Merkmale vor, die sich aus den Matrixelementen der Cooccurrence-Matrizen berechnen lassen. Eine kurze Aufstellung der häufig eingesetzten Maße F wird im folgenden gegeben:

- die Energie, die die Homogenität der Grauwertverteilung mißt,

$$F_1 = \sum_{a=1,b=1}^{C,C} P_{ab}(\epsilon, \alpha) \quad , \tag{3.15}$$

- die Entropie

$$F_2 = \sum_{a=1,b=1}^{C,C} P_{ab}(\epsilon, \alpha) \log P_{ab}(\epsilon, \alpha) \quad , \tag{3.16}$$

  wobei Werte $0 \log(0)$ keinen Beitrag zur Entropie liefern,

- die größte Häufigkeit

$$F_3 = \max_{a,b} P_{ab}(\epsilon, \alpha) \quad , \tag{3.17}$$

- der Kontrast, der ein Maß der lokalen Variation ist,

$$F_4 = \sum_{a=1,b=2}^{C,C} |a-b|^k \, P_{ab}^l(\epsilon, \alpha) \quad , \tag{3.18}$$

  wobei typische Werte mit $k = 2$ und $l = 1$ gegeben sind,

- die Homogenität (inverses Differenzenmoment)

$$F_5 = \sum_{a=1,b=1;a\neq b}^{C,C} \frac{P_{ab}^l(\epsilon, \alpha)}{|a-b|^k} \quad , \tag{3.19}$$

- die Varianz

$$F_6 = \sum_{a=1,b=1}^{C,C} (a - \mu_x \cdot \mu_y)^2 P_{ab}(\epsilon, \alpha) \quad , \tag{3.20}$$

- die Durchschnittssumme

$$F_7 = \sum_{c=2}^{2C} c \sum_{a=1,b=1}^{C,C} P_{ab}(\epsilon, \alpha) \quad , \tag{3.21}$$

  wobei $c = a + b$ gilt,

- die Summenvarianz

$$F_8 = \sum_{a=1,b=1}^{C,C} a P_{ab}(\epsilon, \alpha) \quad , \tag{3.22}$$

- die Wahrscheinlichkeit der Lauflänge n eines Grauwertes a unter der Annahme, daß das Bild ein Markov-Prozeß ist,

$$F_9 = \sum_{a=1}^{C} \frac{(P_a(\epsilon, \alpha) - P_{aa}(\epsilon, \alpha))^2 (P_{aa}(\epsilon, \alpha)^{(n-1)}}{P_a(\epsilon, \alpha)^n} \quad , \tag{3.23}$$

  wobei $P_a(\epsilon, \alpha) = \sum_{b=1}^{C} P_{ab}(\epsilon, \alpha)$ gilt,

- die Cluster Tendenz

$$F_{10} = \sum_{a=1,b=1}^{C,C} (a + b - 2\mu)^k P_{ab}(\epsilon, \alpha) \quad , \tag{3.24}$$

  wobei $\mu = \sum_{a=1,b=1}^{C,C} a P_{ab}(\epsilon, \alpha)$ gilt, und

- die Korrelation, die ein Maß für die Linearität des Bildes ist, d.h. daß lineare Strukturen in Richtung α zu einem hohen Korrelationswert in dieser Richtung führen,

$$F_{11} = \frac{\sum_{a=1,b=1}^{C,C} (ab) P_{ab}(\epsilon, \alpha) - \mu_x \mu_y}{\sigma_x \sigma_y}, \tag{3.25}$$

  wobei μ_x und μ_y die Erwartungswerte und σ_x und σ_y die Standardabweichungen sind:

$$\begin{aligned} \mu_x &= \sum_{a=1}^{C} a \sum_{b=1}^{C} P_{ab}(\epsilon, \alpha) \quad , \\ \mu_y &= \sum_{b=1}^{C} b \sum_{a=1}^{C} P_{ab}(\epsilon, \alpha) \quad , \\ \sigma_x &= \sum_{a=1}^{C} (a - \mu_x)^2 \sum_{b=1}^{C} P_{ab}(\epsilon, \alpha) \quad \text{und} \\ \sigma_x &= \sum_{b=1}^{C} (b - \mu_y)^2 \sum_{a=1}^{C} P_{ab}(\epsilon, \alpha) \quad . \end{aligned} \tag{3.26}$$

Die Cooccurrence-Matrizen beschreiben Statistiken zweiter Ordnung und liefern sehr gute Ergebnisse für ein großes Feld verschiedener Texturklassen. In [31] wird für eine Untermenge von Texturklassen eine optimale Texturmerkmalmenge oder -kombination gegeben. Diese Untersuchungen basieren auf Heuristiken. Sehr gute Ergebnisse sind mit der Methode der Cooccurrence-Matrizen auf dem Gebiet der Analyse der örtlichen Beziehungen der Texel gegeben. Cooccurrence-Maße sind gegen monotone Transformationen des Musters invariant. Auf der anderen Seite sind Texturen, die aus großflächigen Primitiven bestehen, schwer zu beschreiben. Als weiterer Nachteil muß die benötigte Rechenzeit und der große Speicherbedarf für praktische Anwendungen genannt werden. Obwohl die Cooccurrence-Matrizen erfahrungsgemäß gute Ergebnisse in der Texturunterscheidung liefern, sind sie, abhängig von der Anzahl der vorhandenen Farbwerte in einem Bild, sehr rechenintensiv. Somit sollte die Anzahl der Farbwerte so gewählt werden, daß ein sinnvolles Gleichgewicht zwischen Rechenzeit und Farbauflösung des Bildes besteht. Um Abhilfe zu leisten, wird in den meisten Anwendungsfällen zuvor eine Grauwertreduktion von acht Bit pro Pixel auf vier oder sogar drei Bit pro Pixel durchgeführt. In [71] ist gezeigt worden, daß in den meisten praktischen Anwendungen dieser Auflösungsverlust keinen signifikanten Einfluß auf das Ergebnis hat. Um den Berechnungsaufwand für die Methode zu optimieren, hat Argentini in [4] einen schnellen Berechnungsalgorithmus für die Cooccurrence-Matrix erarbeitet.

3.8 Grauwerthistogramme

In einem Grauwerthistogramm P werden die Auftrittswahrscheinlichkeiten der Grauwerte p_i aufgelistet. Für jeden möglichen Grauwert wird die Häufigkeit seines Auftretens im Bild bestimmt. Hierbei ist ein Eintrag gegeben durch

$$p_i = \frac{1}{MN} \sum_{x=1}^{M} \sum_{y=1}^{N} \delta(G(x,y), i) \quad ,$$

wobei $\delta()$ die Kronecker-Delta-Funktion ist, und es gilt, $p_i = \{p_i \in \mathbb{R} \mid 0 \leq p_i \leq 1\}$, $i = \{i \in \mathbb{N}^+ \mid 1 \leq i \leq C\}$ mit $C \in \mathbb{N}^+$. C entspricht der maximalen Anzahl der Grauwerte.

Auf Basis von Histogrammen operiert das von Amelung in [3] vorgestellte System AST. Hierin werden lediglich statistische Merkmale wie erstes, zweites, drittes und viertes Moment des Grauwerthistogramms kombiniert, die zur Texturklassifikation eingesetzt werden. Des weiteren hat Unser in [105] eine effiziente Berechnung der Cooccurrence-Merkmale basierend auf Statistiken erster Ordnung vorgeschlagen. Hierzu werden die Histogramme zweier um d verschobener Fenster berechnet. Die Summe und Differenz dieser Histogramme werden zur Berechnung von vier Merkmalen herangezogen. Durch Variation der Verschiebung d (alle vier Nachbarn) sind für die Histogrammdifferenz und die Histogrammsumme 32 Merkmale berechenbar.

3.9 Zusammenfassung

Wie in den vorherigen Abschnitten gezeigt, existieren eine Vielzahl verschiedener Werkzeuge zur Texturanalyse. Abhängig von der Art der Anwendung hat jede Methode ihre Vor- und auch Nachteile. Die Texturanalyse auf Basis der Wavelets oder allgemeiner, der Frequenzanalyse, ist in jedem Fall ein sehr effizientes Werkzeug. Jedoch spricht der hohe Rechenaufwand gegen eine Anwendung zur Verkehrsszenenanalyse. Ebenfalls führt die Analyse durch Kombination von Grauwerthistogrammen zu einem hohen Rechenaufwand, um Texturen ausreichend zu beschreiben. Eine modellbasierte Texturanalyse schränkt durch die gegebene Modellspezifität die Zahl ihrer Anwendungsfälle stark ein. Für eine möglichst allgemeine Beschreibung von Objekten durch Texturen sind die Cooccurrence-Matrizen ein ideales Maß. Durch die in verschiedenen Matrizen zusammengefaßten Informationen lassen sich aussagekräftige statistische Maße ableiten. Des weiteren können objektformbeschreibende Maße aus der fraktalen Dimension gewonnen werden. Jedoch spricht auch hier die hohe Anzahl der notwendigen Operationen in einem iterativen Prozeß gegen einen effektiven Einsatz.

Kapitel 4

Lokale Bildentropie

Wie in Kapitel 1 bereits erwähnt, ist das Ziel der Bildverarbeitung die Extraktion der für die Lösung der Aufgabe notwendigen Information aus einer Sequenz von Bildern. Der Begriff der Information ist in diesem Zusammenhang nicht scharf definiert und beschränkt sich nicht auf die rein quantitative Theorie in der technischen Informationsübermittlung. Die Bedeutung eines visuellen Reizes, eines Bildes, steht immer im Zusammenhang mit den Anforderungen der Aufgabe und ist somit abhängig von dem hervorzurufenden Verhalten.

Ziel eines im Rahmen dieser Arbeit entwickelten Verfahrens ist es, erstes (initiales) Wissen über eine Szene zu erlangen. Initiales Wissen ist in diesem Zusammenhang die Bildanalyse zur Aufmerksamkeitssteuerung. Hierzu werden die Bildbereiche in der Art bewertet, daß weitere Wahrnehmungsprozesse der Bildverarbeitungskette gezielt gesteuert werden. Da nach der Bildakquisition kein a-priori Wissen über die derzeitigen Objekteigenschaften gegeben ist, wird nicht die Form, Farbe oder Bewegung, sondern die Struktur von Teilbildbereichen bewertet. Ist ein Bildbereich hochstrukturiert, so wird der Informationsgewinn nach Analyse dieses Bereichs sehr groß sein. Besteht der Bildbereich lediglich aus einem Grauwert, erübrigt sich eine weitere Analyse, da die Information „Es handelt sich um eine Grauwertfläche." bereits bekannt ist. Die in Kapitel 3 vorgestellten Maße der Texturanalyse lassen sich prinzipiell auch zur Strukturanalyse einsetzen. Besonders geeignet sind die Methoden der statistischen Texturanalyse. Jedoch ist die Auswertung der hochdimensionalen Merkmalvektoren und der hohe Rechenaufwand in diesem frühen Schritt der Bildverarbeitungskette äußerst ineffizient. Vielmehr ist ein einfacher aber effizienter Operator gefordert.

Im folgenden wird zunächst das Maß der Majorisierung zur Bewertung des zu erwartenden Informationsgewinns vorgestellt. Das Bildsignal wird als stochastischer Prozeß betrachtet, wobei die Grauwerte als Zufallsvariablen angesehen werden. Die Auftrittswahrscheinlichkeiten der Grauwerte verschiedener Bildausschnitte werden miteinander in Beziehung gesetzt. Es zeigt sich, daß dieses Verfahren zwar einen Strukturvergleich ermöglicht, aber nicht alle Verteilungen miteinander vergleichbar sind. Aus diesem Grund wird in dieser Arbeit das neue Maß der lokalen Bildentropie (LBE) eingeführt, das alle für die initiale Analyse notwendigen Eigenschaften erfüllt.

Betrachtet man einen Bildausschnitt als eine Nachricht, so beschreibt die lokale Bildentropie ein Maß der Unsicherheit der Nachricht vor deren Dekodierung. Unter Dekodierung werden hier weitere zur Szenenanalyse notwendige Verfahren verstanden. Ein Grauwertbild, das ein in einer natürlichen Umwelt operierendes autonomes System perzipiert, wird als visuelle Nachricht interpretiert. Die Information über die Umwelt ist in Grauwerten auf einem zweidimensionalen Gitter kodiert. Systemabhängig muß diese Informationsfülle so dekodiert, transformiert und reduziert werden, daß Schlußfolgerungen für notwendige Handlungsweisen des Systems etabliert werden können. Die Entropie liefert in diesem Fall eine Bewertung der zu erwartenden Information, so daß eine Aussage über die Notwendigkeit der weiteren Bearbeitung eines Teilbildausschnitts zum Verständnis oder zur Beschreibung eines Grauwertsignals getroffen werden kann. Nur in den Regionen, in denen ein hohes Maß an Unsicherheit (Entropie) herrscht, ist der durch die Grauwertverteilung gebotene Informationsgehalt hoch. Ziel ist es, den Datenraum, auf dem nachfolgende Algorithmen operieren, so zu organisieren, daß eine effiziente Weiterverarbeitung durchgeführt werden kann, ohne daß eine vollständige initiale Suche nötig ist. Bewertet man einen Bildpunkt abhängig von der Entropie der lokalen Umgebung, so ergibt sich ein Maß, das den Informationsgehalt dieses Pixels im Kontext seiner Umgebung bestimmt und als lokale Bildentropie bezeichnet wird. Hierfür wird die Wahrscheinlichkeitsverteilung aus den Häufigkeiten (Auftrittswahrscheinlichkeiten) der Grauwerte geschätzt. Die Vorteile der Entropiegleichung sind die Unabhängigkeit von absoluten Grauwerten, die direkte Bewertung eines Bildpunktes durch ein skalares Maß und die Fähigkeit, alle Verteilungen miteinander vergleichen zu können.

Mit Hilfe der LBE kann eine Aufmerksamkeitssteuerung realisiert werden, die für jeden Bildpunkt den zu erwartenden Informationsgewinn bei weiterer Analyse seiner Umgebung angibt. Das durch die LBE transformierte Grauwertbild wird im folgenden als Aufmerksamkeitskarte bezeichnet. Zum einen kann diese Karte zur gerichteten Analyse des Bildes dienen und zum anderen kann durch Berechnung eines Schwellwertes eine Teilung in zwei Bereiche, homogen und strukturiert, vorgenommen werden. Als Ergebnis liegt eine Bildpunktattributierung in strukturierte und unstrukturierte Bereiche vor. Dieses realisiert die in Abschnitt 2.1 geforderte „initiale Segmentierung". Es soll eine signifikante Bilddatenreduktion ohne Informationsverlust erreicht werden, so daß eine geeignete Parametrisierung der rechenintensiven Bildverarbeitungsschritte höherer Ordnung zur Erhöhung der Schätzgüte und Verringerung der Rechenzeit erfolgen kann.

4.1 Information in Grauwertverteilungen

Wie bereits erwähnt, wird der Begriff der Information in vielen verschiedenen Disziplinen auf unterschiedliche Weise mit Leben gefüllt, je nachdem, welche

Aufgabenstellung damit verbunden ist. Auch in der technischen Bildverarbeitung existiert keine eindeutige Beschreibung dieses Maßes. Im nächsten Abschnitt wird anhand der Majorisierung von Verteilungen eine Bewertung der zu erwartenden Information gegeben.

Extrahiert man aus einem Grauwertbild zwei unterschiedliche Bildausschnitte G_p und G_q, die als Zufallsexperimente betrachtet werden, dann kann man die Wahrscheinlichkeiten des Auftretens der einzelnen Grauwerte durch stochastische Vektoren, dem sogenannten Grauwert-Histogramm, beschreiben. Für eine maximale Anzahl von vier verschiedenen Grauwerten kann die Verteilung z.B. so aussehen:

$$p = \{0.2, 0.3, 0.3, 0.2\} \qquad \text{und} \qquad q = \{0.9, 0.025, 0.05, 0.025\}. \tag{4.1}$$

Da alle Werte des Vektors p etwa dieselbe Größe besitzen, hat der Vektor p eine größere *Unbestimmtheit* als der Vektor q. Über den Bildausschnitt G_q ist jetzt schon bekannt, daß es sich um eine Fläche etwa gleichen Grauwerts handelt. Man kann also sagen, daß der *Informationsgewinn* nach Analyse des Bildauschnitts G_p größer ist als der von G_q. Wie also soll man diese Unbestimmtheit bzw. diesen zur erreichenden Informationsgewinn messen?

Zunächst wird ein Vergleich von Wahrscheinlichkeitsvektoren P durchgeführt. Es sei

$$\mathcal{P}_m = \{(p_1, \ldots, p_m) \quad | \quad p_i \geq 0, \quad i = 1, \ldots, m, \quad \sum_{i=1}^{m} p_i = 1\} \tag{4.2}$$

die Menge der Wahrscheinlichkeitsvektoren der Länge $m \in \mathbb{N}$ (Dimension). $\mathcal{P}_m$ bezeichnet bei festem Träger $\mathcal{X} = \{x_1, \ldots, x_m\}$ die Menge aller diskreten Wahrscheinlichkeitsverteilungen P durch $P(\{x_i\}) = p_i$, mit $i = 1, \ldots, m$.

Um eine Ordnungsrelation auf $\mathcal{P}_m$ festzulegen, werden gewisse $p, q \in \mathcal{P}_m$ bezüglich ihrer Unbestimmtheit miteinander verglichen. Hierbei ist es nicht sinnvoll, auf die Reihenfolge der einzelnen p_i bzw. q_i zu achten, so daß man sich auf Ordnungen beschränken kann, die invariant unter Permutationen der Komponeten sind. Deshalb werden als Repräsentanten der Grauwertverteilung Vektoren mit aufsteigenden Komponenten gewählt. Diese werden mit $p_i^{\uparrow}$ bezeichnet. Es gilt also, $p_1^{\uparrow} \leq p_2^{\uparrow} \leq \ldots \leq p_m^{\uparrow}$.

Definition der Majorisierung

Seien $p, q \in \mathcal{P}_m$. Man sagt q *majorisiert* p (geschrieben als $p \prec q$), wenn

$$\sum_{i=1}^{k} p_i^{\uparrow} \geq \sum_{i=1}^{k} q_i^{\uparrow} \,\forall\, k = 1, \ldots, m \quad \text{und} \quad \sum_{i=1}^{m} p_i^{\uparrow} = \sum_{i=1}^{m} q_i^{\uparrow} \;. \tag{4.3}$$

Man kann leicht nachprüfen, daß durch $\prec$ eine Präordnung definiert wird, das heißt, „$\prec$" ist eine reflexive ($p \prec p$) und transitive ($p \prec q$ und $q \prec r \Rightarrow p \prec r$) Relation auf $\mathcal{P}_m$.

Für die durch die Bildausschnitte G_p und G_q gegebenen Vektoren der Länge $m = 4$ ergeben sich folgende Partialsummen $p_k^{\uparrow}$ und $q_k^{\uparrow}$ gemäß folgender Tabelle:

k	1	2	3	4
$\sum_{i=1}^{k} p_i^{\uparrow}$	0.2	0.2 + 0.2 = 0.4	0.2 + 0.2 + 0.3 = 0.7	0.2 + 0.2 + 0.3 + 0.3 = 1.0
$\sum_{i=1}^{k} q_i^{\uparrow}$	0.025	0.025 + 0.025 = 0.05	0.025 + 0.025 + 0.05 = 0.1	0.025 + 0.025 + 0.05 + 0.9 = 1.0

Folglich wird p von q majorisiert, also $p \prec q$.

Stellt man diese Partialsummen $\sum_{i=1}^{k} p_i^{\uparrow}$ in Abghängigkeit des Verhältnisses $\frac{k}{m}$ graphisch dar und verbindet benachbarte Punkte linear miteinander, so erhält man die sogenannte Lorenzkurve. Für die Verteilungen gemäß Gleichung 4.1 erhält man den Graphen in Abbildung 4.1.

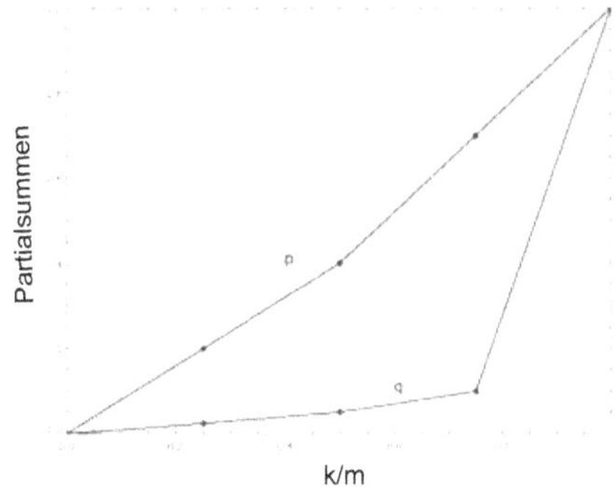

Abbildung 4.1: Lorenzkurve. Partialsummen von p und q.

Anhand der Lorenzkurve läßt sich das Maß der Majorisierung anschaulich interpretieren. Die zu q gehörende Kurve liegt offensichtlich tiefer als die zu p gehörende Kurve. Somit läßt sich sagen, daß ein Experiment umso bestimmter ist, je konzentrierter die Wahrscheinlichkeitsverteilung ist, bildlich gesprochen je weiter die Kurve nach unten durchgebogen ist.

Mit der Majorisierung ist ein Maß zum Vergleich von Verteilungen hinsichtlich ihrer Unbestimmtheit gegeben. Die Fläche zwischen den beiden Lorenzkurven kann als Distanz zwischen diesen Verteilungen interpretiert werden. Zur weiteren Veranschaulichung ist in Abbildung 4.2 ein reales Beispiel gegeben. Die Grauwertdynamik wird zur Vereinfachung durch eine lineare Grauwerttransformation von $m = 256$ auf $m = 4$ reduziert. Anschließend sind für zwei Bildausschnitte, G_p und G_q, die Lorenzkurven berechnet und in Abbildung 4.3 dargestellt worden.

Abbildung 4.2: Beispiel zur Veranschaulichung der Majorisierung. Von oben nach unten: Originalbild, in der Grauwertdynamik reduziertes Originalbild und zwei Teilbildausschnitte G_p (links) und G_q (rechts) vergrößert dargestellt.

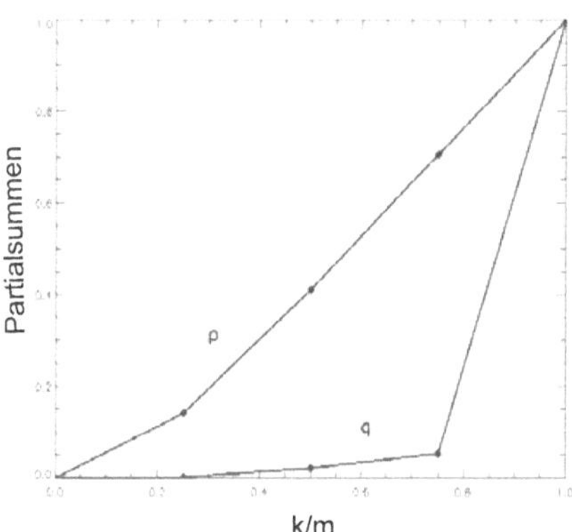

Abbildung 4.3: Lorenzkurve der beiden Wahrscheinlichkeitsverteilungen für die Teilbilder aus Abbildung 4.2.

Die Wahrscheinlichkeitsverteilungen von p und q der Bildausschnitte sind wie folgt gegeben:

$$p = \{0.272, 0.141, 0.294, 0.293\} \text{ und } q = \{0.946, 0.031, 0.022, 0.001\} .$$

Man sieht deutlich, daß der rechte Bildausschnitt mit der Wahrscheinlichkeitsverteilung q den linken Bildausschnitt mit der Wahrscheinlichkeitsverteilung p majorisiert: $p \prec q$. Dies entspricht auch dem perzeptuellen Eindruck bei der Betrachung der Bildausschnitte. Das Teilbild G_q ist eine Fläche eines vorherrschenden Grauwerts. Über den Bildausschnitt G_p kann noch keine Aussage gemacht werden. Dieser muß durch weitere Bildverarbeitungsschritte näher analysiert werden. Man kann festhalten, daß die Unbestimmtheit von p größer ist als die von q. Das heißt, daß der Informationsgewinn nach Analyse des Teilbildes G_p größer ist als der von G_q. Zu bemerken ist, daß die Auswahl der Größe der Teilbildbereiche für die Strukturanalyse von Bedeutung ist. Also ist diese Meßmethode skalierungsvariant.

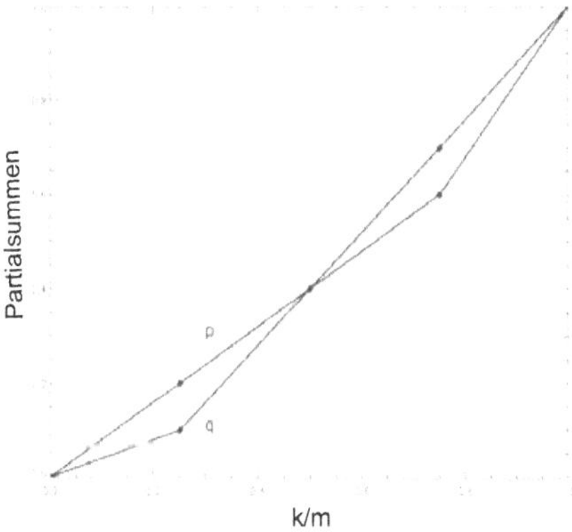

Abbildung 4.4: Lorenzkurve zweier Verteilungen ohne Totalordnung auf Basis der Majorisierung.

Um mit diesem Maß eine Aufmerksamkeitskarte zu berechnen, muß die Lorenzkurve für jeden Bildpunkt berechnet werden. Um eine einfache Interpretierbarkeit zu ermöglichen, muß ein skalarer Wert bestimmt werden, der die Frage, „Wie weit ist die Lorenzkurve nach unten durchgebogen?“, beantwortet. Dieses ist nicht direkt ersichtlich. Des weiteren gestattet das Maß der Majorisierung leider nicht den Vergleich aller Verteilungen. Vielmehr sind Verteilungen denkbar, für die keine Aussage getroffen werden kann. Ist z.B. $p = (0.1, 0.3, 0.3, 0.3)$ und $q = (0.2, 0.2, 0.2, 0.4)$, dann gilt $p \not\prec q$ und $q \not\prec p$, so daß keine Totalordnung auf

$\mathcal{P}$ auf Basis der Majorisierung definiert werden kann. Das ist immer dann der Fall, wenn sich die Verläufe der Partialsummen, wie in Abbildung 4.4 dargestellt, kreuzen.

Um nun zum einen alle Wahrscheinlichkeitsverteilungen ihrer Unbestimmtheit nach vergleichen zu können und zum anderen ein direkt bewertbares Skalar zu erhalten, wird ein reelles Funktional H eingeführt. Ein solches H wird auf der Menge $\mathcal{P} := \bigcup_{m=1}^{\infty} \mathcal{P}_m$ der Wahrscheinlichkeitsvektoren beliebiger endlicher Länge definiert.

Als Minimalanforderung an H ist die Eigenschaft $H(p) \geq H(q)$ gegeben, falls $p, q \in \mathcal{P}_m$ mit $p \prec q$ gilt. Eine Funktion, die diese Eigenschaft erfüllt, ist die im folgenden erläuterte Entropie.

4.2 Entropie als Maß der Unbestimmtheit

Der Begriff der Entropie wurde erstmals von R. Clausius 1876 in der Thermodynamik eingeführt. Der proportionale Zusammenhang zwischen dem Begriff der Entropie und dem Logarithmus der Wahrscheinlichkeiten der Zustände eines Systems wurde von L. Boltzmann in den Jahren 1896 bis 1898 formuliert. Den expliziten Zusammenhang zwischen Entropie und Wahrscheinlichkeit stellte Planck 1906 her. 1948 bildete C. Shannon, in [97] und [98], den Begriff der Entropie auf die Informationstheorie ab, die durch A.J. Chintshin [14] 1953 durch eine exakte mathematische Formulierung für diskrete Signalräume erweitert wurde. Neuere Anwendungsgebiete Entropie basierter Verfahren sind die Evaluierung der Lernentwicklung [54] und der Struktur [8] neuronaler Netze. In der Theorie der Fuzzy Logic (unscharfe Logik) definieren Luca und Termini [18] einen Entropiebegriff.

Um eine Aufmerksamkeitssteuerung zur initialen Segmentierung zu realisieren, ist eine Schätzung der Unbestimmtheit eines Signals zu leisten. Diese Unsicherheit läßt sich mit der Entropie bestimmen [78].

Für eine diskrete Zufallsvariable mit einem Alphabet $\mathcal{C} \in \mathbb{N}^+$, einer Wahrscheinlichkeitsfunktion $P(X = x_i) = p_i$ und $i = \{i \in \mathbb{N}^+ \mid 1 \leq i \leq C\}$ ist die Entropie definiert als

$$H(X) = -\sum_{i=1}^{C} p_i \log p_i \quad . \tag{4.4}$$

Die Entropie ist nicht-negativ, da alle $p_i \leq 1$ sind, und nur für $p_i = 0$ oder $p_i = 1$ für alle i gleich Null. Des weiteren wird die in Abschnitt 4.1 geforderte Minimalanforderung an H erfüllt: die Antitonie von H bezüglich „$\prec$“. Diese Eigenschaft läßt sich am Beispiel der Abbildung 4.2 zeigen. Hierbei majorisiert q die Verteilung p und es gilt, $H(X_p) \geq H(X_q)$, mit

$$H(X_p) = 1.34 \quad \text{und} \quad H(X_q) = 0.25 \ . \tag{4.5}$$

Zur Veranschaulichung des Entropiemaßes wird die Selbstinformation s_i definiert. Sie stellt ein Maß zur Beschreibung des Informationsgehaltes eines Ereignisses eines Signals x_i dar. Der Zusammenhang

$$s_i = -\log p_i = \log \frac{1}{p_i}$$

liefert den Informationsgehalt oder die Selbstinformation eines Ereignisses ([23] und [17]). Für eine Beurteilung des Informationsgehaltes aller Ereignisse ist der Erwartungswert des Informationsgehaltes der einzelnen Ereignisse zu bilden.

$$E\{S_i\} = -\sum_{i=1}^{C} p_i \log p_i = \sum_{i=1}^{C} p_i s_i$$

Dieser Ausdruck wird auch als Mittelwert des Informationsgehaltes bezeichnet [23], der von C. Shannon [97] in seiner ursprünglichen Theorie als Ausgangspunkt benutzt wird und der thermodynamischen Definition der Entropie entspricht. Weiterreichende inhaltliche Zusammenhänge zwischen der Information und der Entropie physikalischer Systeme sind in [12] gegeben.

4.3 Definition der lokalen Bildentropie

Wie gesehen, beschreibt die Entropie $H(X)$ die Unbestimmtheit von Verteilungen. Die lokale Bildentropie beschreibt analog dazu die Unbestimmtheit (also die Strukturiertheit) jedes Pixels (x, y) eines Bildes anhand der Verteilung der Grauwerte in seiner Nachbarschaft. Die Nachbarschaft ist durch einen definierten Bildbereich $G(x, y)$ der Größe $\Gamma = (2R+1)(2S+1)$ gegeben, der um den Bildpunkt (x, y) zentriert ist. Es gilt $G(x, y) \in \{1, \ldots, C\}$, $R \in \mathbb{N}^+$ und $S \in \mathbb{N}^+$. Die Größe des akquirierten Gesamtbildes ist durch $M \in \mathbb{N}^+$ Bildspalten und $N \in \mathbb{N}^+$ Bildzeilen gegeben. Somit gilt für die Bildpunkte des Bildausschnittes für jedes Pixel $x = \{x \in \mathbb{N}^+ \mid 1 \leq x \leq M\}$ und $y = \{y \in \mathbb{N}^+ \mid 1 \leq y \leq N\}$. Das Alphabet $\mathcal{C}$ ist die Menge aller möglichen Grauwertzustände mit einer maximalen Anzahl $C \in \mathbb{N}^+$. Die in dieser Arbeit entwickelte lokale Bildentropie ergibt sich als:

Definition der lokalen Bildentropie

$$H_{LBE}(x, y) = -\sum_{i=1}^{C} \quad p_i(x, y) \quad \log(\, p_i(x, y)\,) \,, \tag{4.6}$$

wobei der Vektor mit den Elementen $p_i(x, y)$ mit

$$p_i(x, y) = \frac{1}{\Gamma} \sum_{a=(x-R)}^{(x+R)} \sum_{b=(y-S)}^{(y+S)} \delta(\, i,\, G(a, b)\,) \tag{4.7}$$

das zum Bildpunkt (x, y) gehörende Histogramm des Bildauschnittes der Größe Γ ist. δ ist die Kronecker-Delta-Funktion.

Für die Berechnung der LBE sind die maximale Anzahl verschiedener Grauwerte C und die Größe des Analysebereichs Γ festzulegende Parameter. Diese beiden Parameter hängen direkt voneinander ab. Wird ein Bildausschnitt als stochastischer Prozeß betrachtet, stellt die Anzahl der möglichen Grauwertzustände C $(0 \ldots 255$ bei 8 bit pro Pixel) eine die Statistik bestimmende Variable dar. Da die LBE skalierungsvariant ist, ist es für die Realisierung einer Aufmerksamkeitssteuerung grundsätzlich notwendig, den für ein Pixel zu berücksichtigenden Kontext aufgabenangepaßt zu dimensionieren. Es existiert also eine untere Schranke der Fenstergröße, in der Struktur mindestens gemessen werden muß, um der Aufgabe der Aufmerksamkeitssteuerung zu genügen. Somit existiert auch eine untere Schranke für die Größe der Stichprobe. Um auch hierbei noch eine zuverlässige Schätzung der LBE leisten zu können, muß die Anzahl der möglichen Ereignisse (Grauwerte) reduziert werden.

Aufgrund der Randbedingungen der Anwendung sind zwei Realisierungsmöglichkeiten effektiv einsetzbar:

1. Lineare Grauwertbereichsverschiebung: Die 256 Grauwerte werden durch eine lineare Transformation des 8-Bit Wortes auf z.B. 16 Grauwerte abgebildet.

2. Es wird eine Zuweisungstabelle für das Grauwertbild durch ein iteratives kompetitives Verfahren [7] berechnet. Hierbei werden die resultierenden Grauwerte aus einem auf dem Histogramm ablaufenden iterativen Prozeß gewonnen, in dem große Intervalle auf Kosten in der Nähe liegender kleiner Intervalle vergrößert werden. Der Grauwertbereich wird in diese wenigen resultierenden Intervalle quantisiert.

Die erste Methode hat den Vorteil, daß eine sehr schnelle Berechnung durch eine feste Transformationstabelle gegeben ist. Andererseits ist eine dynamische Anpassung an sich stark ändernde Beleuchtungsbedingungen nicht gegeben, wohingegen die zweite Methode eine adaptive Anpassung an die bestehende Bilddynamik zuläßt. Durch die zu durchlaufenden Iterationen der Rechenvorschrift ist diese Methode rechenintensiver. Unter der Annahme einer sich langsam ändernden Dynamik kann, um für eine reale Anwendung Berechnungszeit zu sparen, die Berechnung der zweiten Methode auf einer langsameren Zeitskala durchgeführt werden. Für das Applikationsfeld dieser Arbeit, der Verkehrsszenenanalyse, ist eine Reduktion der Grauwertdynamik mit Hilfe der ersten Methode völlig ausreichend, da die Bildsequenzen zumeist optimal ausgeleuchtet sind. Für das Beispiel aus Abbildung 4.2 ist die LBE für $C = 14$ und $\Gamma = 400$ mit $R = 10$ und $S = 10$ berechnet und in Abbildung 4.5 dargestellt worden. Das Originalbild zeigt zwei Gesichter. Im unteren Bild ist die lokale Bildentropie dargestellt worden, deren reeller Wertebereich zur Darstellung in 256 Grauwertstufen quantisiert wurde. Man

Abbildung 4.5: Originalbild und lokale Bildentropie. In der lokalen Bildentropie entsprechen helle Grauwerte hohen Werten der LBE.

sieht, daß die Bereiche der Augen, des Haaransatzes und des Mundes einen hohen Entropiewert aufweisen. Für diese Bildteile sind weitere Untersuchungen durch z.B. formbestimmende oder klassifizierende Verfahren notwendig. Die Entropie der anderen Bereiche ist niedriger und also das Bild in diesen Bereichen wenig strukturiert. Zusammenfassend kann feststellt werden, daß die Aufmerksamkeit weiterer Bildverarbeitungschritte höherer Ordnung durch die LBE auf bestimmte Bildbereiche gelenkt wird. Mit der LBE ist ein Maß gefunden, welches die Struktur eines Bildausschnittes bewertet, ohne daß Modellwissen über die zu erwartenden Objekte a-priori bekannt sein muß. Im nächsten Abschnitt wird in verschiedenen Anwendungen die Leistungsfähigkeit der LBE demonstriert.

4.4 Experimente

Wie in der Einführung des Kapitels schon angedeutet, kann auf Basis der Entropieverteilung (der Aufmerksamkeitskarte) eine initiale Segmentierung zur Datenreduktion realisiert werden.

Dazu wird ein für die aktuelle Aufmerksamkeitskarte optimaler Schwellwert $\tau_{seg} \in \mathbb{R}$ berechnet, der das Bild in homogene und strukturierte Bereiche teilt. Das Bild $G(x, y)$ wird auf Basis der Aufmerksamkeitskarte auf ein Binärbild $G_{bin}(x, y)$ abgebildet, mit dem Ziel, alle Punkte strukturierter Bereiche zu eins zu setzen

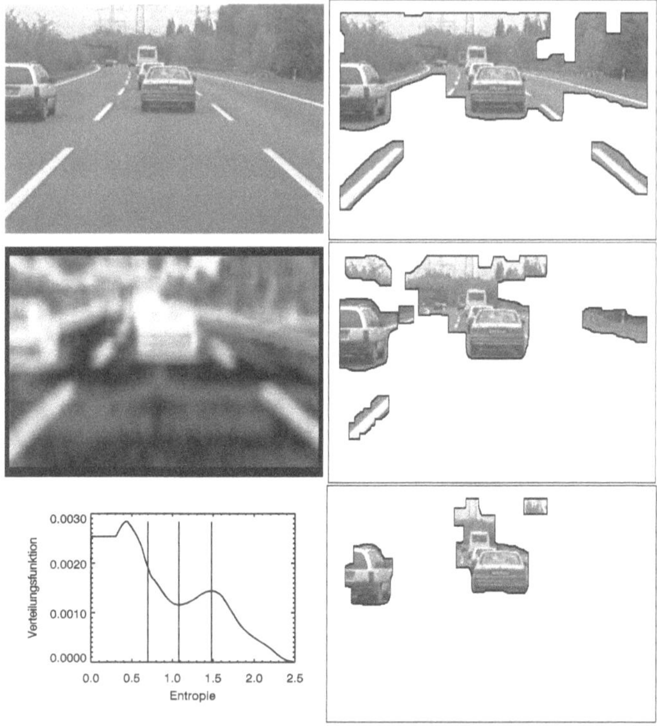

Abbildung 4.6: Szene auf einer Autobahn, Aufmerksamkeitskarte und verschiedene Segmentierungsergebnisse abhängig von der gewählten Schwelle. Von oben nach unten wird mit einem größer werdenden Schwellwert segmentiert (gemäß den drei senkrechten Linien in der Verteilungsfunktion der Entropie).

und alle Punkte homogener Bereiche zu null zu setzen.

$$G_{bin}(x,y) = \begin{cases} 1 & falls \quad H_{LBE}(x,y) > \tau_{seg} \\ 0 & falls \quad \text{sonst} \end{cases} \tag{4.8}$$

In der Literatur werden für die Schwellwertbestimmung zur Segmentierung punktorientierte und regionenorientierte Verfahren [44] vorgeschlagen. Diese Schwellwerte werden auf Basis der Intensitätswerte bestimmt. Da die regionenorientierten Verfahren durch einen zeitlich aufwendigen iterativen Prozeß realisiert werden, wird ein punktorientiertes Verfahren appliziert.

In dieser Arbeit werden nicht die Intensitätwerte zur Segmentierung sondern das Histogramm der Entropieverteilung zur Schwellwertbestimmung genutzt. Im Anwendungsfall „Straßenverkehrsanalyse" bilden maßgeblich der Himmel und die

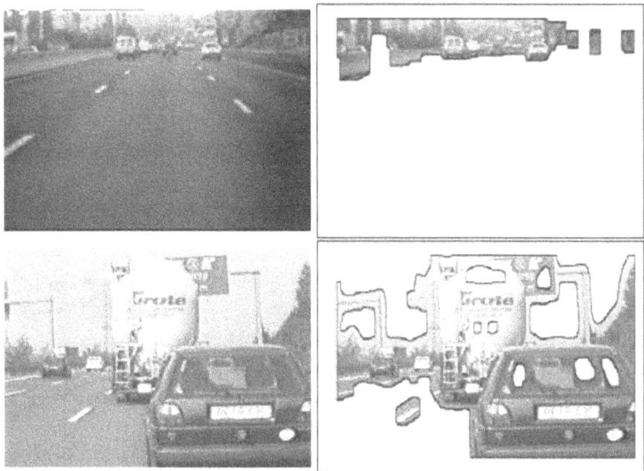

Abbildung 4.7: Adaptive Schwellwertbestimmung bei Bimodalität für eine niedrig und eine hochstrukturierte Autobahnszene.

Fahrbahn die homogenen Bildbereiche. Die Objekte sind in den meisten Fällen entweder selbst hochstrukturiert oder sie heben sich durch Hinzunahme des unterschiedlich strukturierten Hintergrundes hevor. Idealerweise ist, wie in Abbildung 4.6 gezeigt, eine bimodale Verteilung des Histogramms der LBE zu erwarten. Der erste Modus repräsentiert die homogenen Bildbereiche. Der höherwertige Modus wird durch die strukturierten Bereiche erzeugt. In dieser Abbildung sind drei Möglichkeiten der Schwellenwahl skizziert. Die niedrigste Schwelle τ_{seg}^1 schätzt die strukturierten Bereiche mit einer hohen Sicherheit. Sie wird im Punkt der größten Steigung des ersten Modus definiert und durch eine Gradientenanalyse bestimmt. Selbst wenn der Anteil der strukturierten Bereiche sehr klein ist, also die Annahme der Bimodalität verletzt wird, kann zufriedenstellend segmentiert werden. Die nächst größere Schwelle τ_{seg}^2 trennt die beiden Modi im Minimum mit dem Ergebnis der weiteren Einschränkung des Bildbereichs. Sollen lediglich die hochstrukturierten Bereiche selektiert werden, so stellt die dritte Schwelle τ_{seg}^3 ein geeignetes Maß dar. Sie liegt im Maximum des zweiten Modus. Mit der dritten Schwelle können lediglich die Objekte bei hoher Eigenstruktur und hinreichend homogenem Hintergrund detektiert werden. Detailinformationen, wie Objekte im Fernfeld, gehen dabei verloren. Um eine möglichst zuverlässige und robuste Schätzung zu erhalten, wird in den meisten Anwendungen der kleinste Schwellwert gewählt, so daß in diesem frühen Stadium der Bildverarbeitungskette mit hoher Sicherheit keine Information verloren geht.

Für die Berechnungen der Abbildungen 4.6 und 4.7 ist die Größe der Pixelumgebung als quadratisch mit $R = 10$ und $S = 10$, eine lineare Grauwertreduktion auf $C = 16$ definiert worden. Die Schwellwerte sind an die aktuelle Szene angepasst berechnet worden und selektieren lediglich die hochstrukturierten Bereiche

(τ^3_{seg}). Abbildung 4.7 soll verdeutlichen, daß bei sehr unterschiedlichen Grauwertverteilungen gute Ergebnisse erzielt werden. Sie zeigt jeweils das Originalbild und die anschließenden Segmentierungsergebnisse für zwei extreme Szenen. Das obere Bild hat einen geringen Anteil starker Strukturen. Das heißt, daß der zweite Modus nicht besonders ausgeprägt und schwer detektierbar ist. In der unteren Szene nehmen die strukturierten Bereiche nahezu die Hälfte des Bildes ein und die beiden Modi sind gleichgroß, so daß der Schwellwert τ^3_{seg} eindeutig bestimmt werden kann.

4.5 Zusammenfassung

Es ist gezeigt worden, daß die lokale Bildentropie in der Strukturbewertung einer Grauwertverteilung ein geeignetes Maß zur Erstellung einer Aufmerksamkeitskarte darstellt. Diese Karte läßt zum einen eine Bewertung einzelner Bildpixel hinsichtlich des zu erreichenden Informationsgewinns zu, zum anderen kann durch eine sich der Bildstatistik anpassenden Segmentierungsschwelle eine initiale Segmentierung des Bildes erfolgen. Die dadurch erzielte Datenreduktion führt zu einer Steigerung der Verarbeitungsgeschwindigkeit in der gesamten Verarbeitungskette. Die vorgestellte Methode hat den Vorteil, völlig modellfrei zu operieren, so daß eine objektunspezifische Verarbeitung gewährleistet ist.

Kapitel 5

Ein Optimierungsansatz zur symmetriebasierten Objekterkennung

Dieser Teil der vorliegenden Arbeit beschäftigt sich nicht mit Elementarmerkmalen gemäß Kapitel 3 sondern mit einer abstrakten Eigenschaft von Mustern: der Symmetrie.

Viele Objekte in der Natur sowie auch in der durch den Menschen geschaffenen Umgebung weisen häufig symmetrische Strukturen auf. Die menschliche Fähigkeit, die Symmetrie als ein Objektmerkmal zu detektieren, resultiert aus komplexeren Verarbeitungsschritten des Sehprozesses höherer Lebewesen [1]. Symmetrie ist ohne Zweifel eine hervorstechende Eigenschaft von Formen und Texturen. Sogar in höchst unstrukturierten Bildern werden symmetrische Regionen als geschlossene Bereiche erkannt. Dabei werden bei zweideutigen Mustern symmetrische Konturen bevorzugt als Objekt wahrgenommen [87]. In [92] wird gezeigt, daß die Detektion von Objekten mit starker vertikaler Symmetrieachse diejenige mit der kürzesten Reaktionszeit ist. Corballis and Roldan [16] erklärten, daß die Empfindlichkeit für vertikale Symmetrien eine Folge der bilateralen Symmetrie des Gehirns sei und daß das Erkennen anderer (z.B. horizontaler) Symmetrien durch eine mentale Rotation erfolge. In der Evolution hat sich die Symmetrie als effizientes Merkmal zur Erkennung von Nahrung und natürlichen Feinden erwiesen [96]. Die meisten Pflanzen und Tiere weisen symmetrische Strukturen auf. Bei Tieren steht die Richtung der eigenen Bewegung oft senkrecht zu einer Symmetrieachse des Körpers. In der Frage des täglichen Überlebens ist die Detektion sich nähernder und auch fliehender Tiere wichtig. In diesem Fall ist die Erkennung einer symmetrischen Struktur eine durch das Sehsystem zu lösende Aufgabe.

Dieses motiviert die Entwicklung eines Algorithmus, der eine Objekterkennung aufgrund von Symmetrieeigenschaften leistet. Der gravierende Unterschied der Symmetriedetektion in der technischen Bildverarbeitung und der in natürlichen Systemen ist die Tatsache, daß in letzterem Fall die Symmetriedetektion einhergeht mit anderen Objekterkennungsperzepten. Ein Zusammenspiel verschiedener Merkmale und deren Erkennung (z.B. Formen) stützt die Symmetriedetektion.

In technischen Systemen ist das zur Zeit nur unter großem Aufwand zu leisten. In dieser Arbeit wird die Symmetriedetektion zunächst als einzelner Prozeß betrachtet. Die Symmetriedetektion ist ein schwieriges und schlecht gestelltes Objekterkennungsproblem, da das abstrakte Merkmal „Symmetrie" durch das Zusammenspiel verschiedener Objektmerkmale wie Konturen und Texturen gegeben und durch Mehrdeutigkeiten und Rauschen nur schwer zu detektieren ist. Fast alle Algorithmen zur Symmetriedetektion können in intensitäts- bzw. kantenbasiert arbeitende Verfahren unterteilt werden [89]. Bei einem intensitätsbasiertem Verfahren nach Marola in [72] lassen sich z.B. die geraden und ungeraden Signalanteile der horizontalen Intensitätsverteilungen auswerten. Grundsätzlich führen nahezu strukturlose Objekte, also diejenigen mit einer konstanten Grauwertfläche, bei diesem Verfahren zu vielen Fehldetektionen. In einem weiteren Ansatz, den kantenbasierten Methoden, wird die Symmetrieachse durch Evaluation eines Kanten-Zuordnungs-Prozesses bestimmt. Durch die sehr spärliche Kodierung der Bildinformationen durch Kanten ist auch hier die Anzahl der Fehldetektionen sehr groß. Eine Verbesserung der Schätzgüte ist z.B. in [113] durch Kombination beider Merkmalräume vorgeschlagen worden. In dieser Arbeit wird ein Verfahren entwickelt, das eine flexible Kombination verschiedener Merkmale ermöglicht. Das Verfahren formuliert den Prozeß der Symmetriedetektion als robusten Optimierungsprozeß. Die Optimierungsfunktion wird durch ein neuronales Netz gelöst. Im Gegensatz zu Verfahren wie in [8], [67] und [112], in denen neuronale Strukturen eine Symmetriedetektion durch einen Lernvorgang anhand von Beispielen leisten, approximiert die in dieser Arbeit entwickelte Methode die Lage der Symmetrieachse, ohne daß Probleme wie die Generalisierungsfähigkeit der gelernten Daten auf die noch nicht beobachteten auftreten.

Die axiale Symmetrie ist in der Objektdetektion von entscheidender Bedeutung, da die vertikalen Symmetrien den größten Anteil in natürlichen Umwelten einnehmen. Wie in [96] gezeigt, basiert die Symmetriedetektion auf einer Kombination von Bildkomponenten (lokaler Bildeigenschaften). Sie werden unter Symmetrienebenbedingungen in einem kompetiven Prozess organisiert. Die Komplexität und die Anforderung der Aufgabe legt den Entwurf und den Einsatz eines künstlichen neuronalen Netzes nahe. Hierbei sollte wegen der Probleme der zuvor beschriebenen Generalisierungsfähigkeit und der Rauschanfälligkeit, die immer bei realem Bildmaterial in natürlichen Umwelten gegeben sind, das Detektionsproblem in einen Optimierungsprozeß zur Ergebnisbestimmung übersetzt werden. Es erfolgt eine Einführung einer Optimierungsfunktion zur robusten Symmetriedetektion, die mit einem sogenannten *Constraint-Satisfaction-Neural-Network (CSNN)*, das vom Hopfieldmodell [38] abgleitet ist, gelöst wird. Mit diesem Ansatz des Optimierungsprozesses ist eine Möglichkeit gegeben, unter Beachtung von Nebenbedingungen eine optimale Lösung des geforderten mathematischen Zusammenhangs für axiale Symmetrien zu finden. Hierbei ist eine Invarianz gegenüber graduellen Verletzungen der mathematischen Form der Symmetrie, die durch Bildrauschen, Teilverdeckungen, perspektivische Verzerrungen u.v.a. erzeugt werden, durch Nebenbedingungen in das Netz zu inkorporieren. Die Tragfähigkeit des Ansatzes zur Objektdetektion wird durch Experimente gezeigt.

In diesem Kapitel werden zunächst verschiedene Definitionen der Symmetrie gegeben. Anschließend wird der Symmetriedetektionsprozeß als eine auf der Basis eines neuronalen Netzes zu lösende Optimierungsfunktion motiviert. Es wird ein kurzer allgemeiner Überblick über die Verarbeitungsprinzipien neuronaler Netze im allgemeinen gegeben, und anschließend das hier verwendete Hopfieldmodell vorgestellt. In Abschnitt 5.2.3 wird die Symmetrieoptimierungsfunktion konkret formuliert und eine Lösung durch das CSNN auf der Idee des Hopfieldmodells basierend erarbeitet. In den Abschnitten 5.3 und 5.4 werden Methode und Ergebnisse der symmetriebasierten Objekterkennung veränderlicher Objekte gezeigt.

5.1 Symmetrie

In der Literatur werden verschiedene Arten der Symmetrie genannt. Zum Beispiel wird der Begriff der Symmetrie in [42] wie folgt definiert:

allgemeine Definition der Symmetrie [42]

ein Ebenmaß; Aufbau des Ganzen, bei dem sich beide Hälften spiegelbildlich entsprechen.

1. **Definition der Symmetrie in der Geometrie [42]**

   Geometrie: gleiche Lage eines geometrischen Gebildes in bezug auf eine Ebene, Gerade oder einen Punkt.

   (a) *Axiale Symmetrie: zwei Punkte A_1 und A_2 liegen symmetrisch zu einer Geraden oder Ebene (genannt Symmetrieachse oder Symmetrieebene), wenn ihre Verbindungsstrecke durch diese halbiert wird und senkrecht auf ihr steht. Axialsymmetrische Figuren sind ungleich kongruent (deckungsgleich). Die eine geht aus der anderen durch Spiegelung an der Symmetrieachse hervor.*

   (b) *Zentrale (zentrische) Symmetrie: Zwei Punkte A_1 und A_2 liegen symmetrisch zu einem Punkt O (genannt Symmetriezentrum), wenn die Strecke $\overline{A_1O} = \overline{A_2O}$ ist. Diese Symmetrie wird Spiegelung an einem Punkt genannt.*

   (c) *Drehsymmetrie: Eine Figur ist drehsymmetrisch, wenn nach einer Drehung um bestimmte Winkel die gedrehte Figur die ursprüngliche genau überdeckt. Die Größe des Drehwinkels bestimmt die Zähligkeit der*

Symmetrieachse. Zum Beispiel sind regelmäßige Vielecke drehsymmetrisch. Bei einem Sechseck ist der Drehwinkel 60^0, die Symmetrieachse ist sechszählig.

2. **Definition der Symmetrie in der Zoologie [42]**

   Zoologie: grundsätzliche Eigenschaft der höheren Tiere (Metazoen). Asymmetrie von Einzelteilen (z.B. Organlage bei Wirbeltieren) sind die Regel, kommen auch als Spezialisierung (z.B. Winkerkrabben) oder als Mißbildungen vor.

   (a) *radiäre Symmetrie: durch die Hauptachse sind mehrere Schnitte zu führen, die das Tier in deckungsgleiche (kongruente) Hälften zerlegen (Hohltiere).*
   (b) *Di-Symmetrie: durch die Hauptachsen lassen sich zwei Ebenen legen, die deckungsgleiche (kongruente) Hälften schaffen (Rippenquallen).*
   (c) *bilaterale Symmetrie: durch eine Hauptachsenebene wird das Tier in zwei Hälften geteilt, die sich wie Bild und Spiegelbild verhalten (die meisten höheren Tiere einschließlich der Stachelhäuter).*

Grundsätzlich kann die Symmetrie als ein Merkmal zur Objekterkennung in der Szenenanalyse eingesetzt werden, sobald das Objekt eines der oben genannten Symmetrie-Kriterien erfüllt. Insbesondere interessiert in der Bildverarbeitung die axiale Symmetrie im geometrischen Sinn für Punktmengen (1(a)), was der bilateralen Symmetrie im zoologischen Sinn (2(c)) entspricht.

5.2 Symmetriedetektion als Optimierungsprozeß

Ziel eines Symmetriedetektionsprozesses ist es, die Lage der Symmetrieachse im Bild zu bestimmen, um somit ein Objekt zu lokalisieren. Wie in Abbildung 5.1 veranschaulicht, teilt die Symmetrieachse das zu untersuchende Bild idealerweise in zwei ungleich kongruente Hälften. Die mathematische Definition nach Abschnitt 5.1 Punkt 1(a) kann für Bilder einer natürlichen Umwelt nahezu nie erfüllt werden. Hierfür sind Teilverdeckungen, Rauschen, schräger Lichteinfall und vieles mehr die Ursache. Eine exakte mathematische Berechnung, wie sie vielfach in der Literatur vorgeschlagen ist, macht in diesem Zusammenhang keinen Sinn. Eine Meßfunktion zur Bestimmung der ungleichen Kongruenz der Bildhälften nach Punkt 1(a) muß unter Berücksichtigung von Nebenbedingungen, die graduelle Verletzungen der mathematischen Form kompetitiv in die Meßfunktion einkoppeln, optimiert werden, um für rauschbehaftete Daten eine hinreichend gute Approximation der

Abbildung 5.1: Beispiel einer Teilung eines Bildes an der Symmetrieachse, so daß zwei ungleich kongruente Teilbilder entstehen.

Symmetriedetektion zu leisten. Die Optimierung einer Meßfunktion unter Nebenbedingungen wird im folgenden als Optimierungsfunktion bezeichnet.

Die in dieser Arbeit entwickelte Optimierungsfunktion besteht aus zwei verschiedenen Typen von Termen: den Kostenfunktionen (Meßfunktion), die den gewünschten Idealfall kodieren, und die Nebenbedingungsfunktionen, unter denen die Lösung gefunden werden muß. Da, wie in Abschnitt 5.2.3 noch erläutert wird, die Optimierungsfunktion in diesem Fall keine lineare Optimierung ist, erfolgt eine Optimierung auf Basis eines neuronalen Netzes, dem CSNN.

Zunächst wird in diesem Abschnitt eine allgemeine Einführung künstlicher neuronaler Netze gegeben. Im Anschluß wird ein spezieller Typ eines künstlichen neuronalen Netzes, das Hopfieldmodell, näher betrachtet. Ausgehend von diesem Modell wird ein diskretes neuronales Netz abgeleitet, das Optimierungsfunktionen lösen kann. Auf Basis dieses Verfahrens wird schließlich das CSNN entwickelt, das eine kontinuierliche Aussage über die Stärke der ungleichen Kongruenz macht.

5.2.1 Künstliche neuronale Netze

Ein künstliches neuronales Netz wird im allgemeinen durch den Typ der Einzelbausteine, den sogenannten Neuronen, der Art der Verbindungen, der sogenannten Verbindungsmatrix **W**, die Gruppierung der Neuronen zu Netzwerkschichten, und der Verarbeitungsdynamik zur Berechnung des Ergebnisses charakterisiert. Die Neuronen realisieren eine in den meisten Fällen nichtlineare Transferfunktion F_i, die einen Vektor von Eingangssignalen $x_{ij} \in \mathbb{R}$ auf ein skalares Ausgangssignal O_i unter Parametern wie die Verbindungsstärke $w_{ij} \in \mathbb{R}$, aktueller Aktivierung $I_i \in \mathbb{R}$ und aktuellen Bias $\Theta_i \in \mathbb{R}$ abbilden. Formal ergibt sich dann für ein Neuron i folgender Zusammenhang mit $i = \{i \in \mathbb{N}^+ \mid 1 \leq i \leq M, M \in \mathbb{N}^+\}$ und $j = \{j \in \mathbb{N}^+ \mid 1 \leq j \leq N, N \in \mathbb{N}^+\}$:

$$O_i = F_i(I_i) \tag{5.1}$$

mit

$$I_i = \sum_{j=1}^{N} w_{ij}x_{ij} + \Theta_i \quad . \tag{5.2}$$

und

$$O_i = F_i(\sum_{j=1}^{N} w_{ij}x_{ij} + \Theta_i) \quad \text{mit} \quad x_{ij} = O_j \quad . \tag{5.3}$$

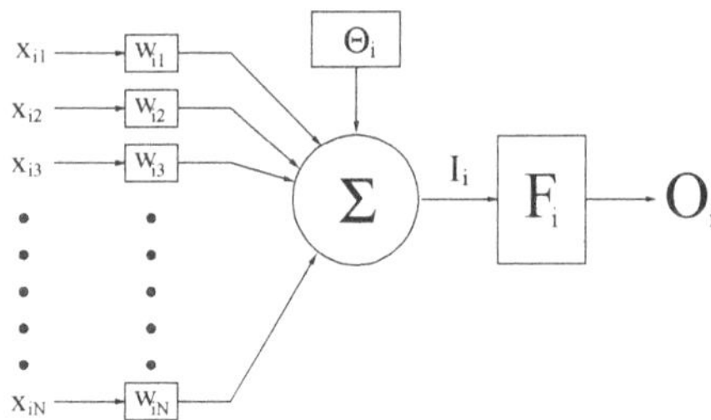

Abbildung 5.2: Modell eines künstlichen Neurons.

Abbildung 5.2 veranschaulicht das Verarbeitungsprinzip eines künstlichen Neurons (ab jetzt nur noch als Neuron bezeichnet). Die Verbindungsstärken von Neuron j zu Neuron i werden auch als Gewichte w_{ij} bezeichnet. Die sogenannten Eingangssignale x_{ij} sind gleich den Ausgangssignalen aller Neuronen O_j, die in das Neuron i einkoppeln. Mit I_i wird die interne Aktivierung des Neurons i bezeichnet. Die Übertragungs- bzw. Aktivierungsfunktion F_i ist von elementarer Bedeutung in der Verarbeitungskette. In den meisten Anwendungsfällen werden stückweise lineare und nichtlineare Funktionen eingesetzt. Diese Wahl skaliert die Eigenschaften des neuronalen Netzes, die auf das zu lösende Problem angepaßt werden müssen. Typische Aktivierungsfunktionen sind in Abbildung 5.3 gegeben. Allen gemeinsam sind die Sättigungsbereiche, die aus Stabilitätsüberlegungen und analog zum biologischen Vorbild (endliches Volumen an Transmitterstoffen) gesetzt werden. Neben der Aktivierungsfunktion bestimmt die Netzwerktopologie

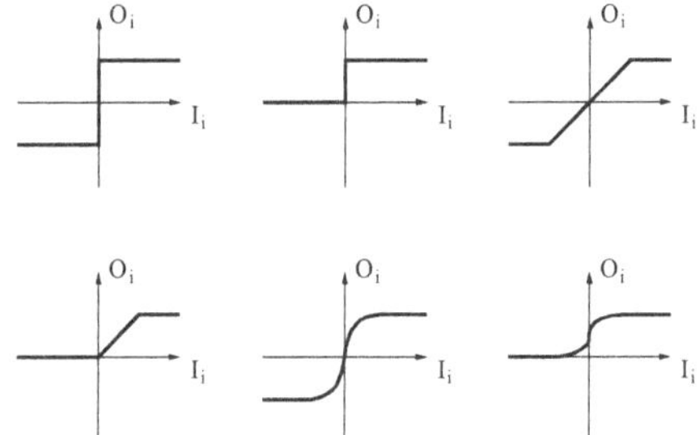

Abbildung 5.3: Typische Aktivierungsfunktionen.

die Funktionsweise des neuronalen Netzes maßgeblich. Man unterscheidet drei Arten von Netzwerkschichten: die Eingangsschicht, in der die gemessenen Daten eingekoppelt werden, die Ausgangsschicht, von der die Ergebnisse gelesen werden und die verdeckten Schichten, deren Aktivierungsvektoren intermediäre Transformationen des Eingangssignals darstellen. Verschiedene Netzwerktopologien sind in Abbildung 5.4 dargestellt. Man sieht, daß verschiedene Schichten unter Änderung der Kopplungsart auch entfallen können. Je nachdem, welche Art von Aufgabe durch das Netz gelöst werden soll, ist fallweise die geeignete Struktur zu wählen.

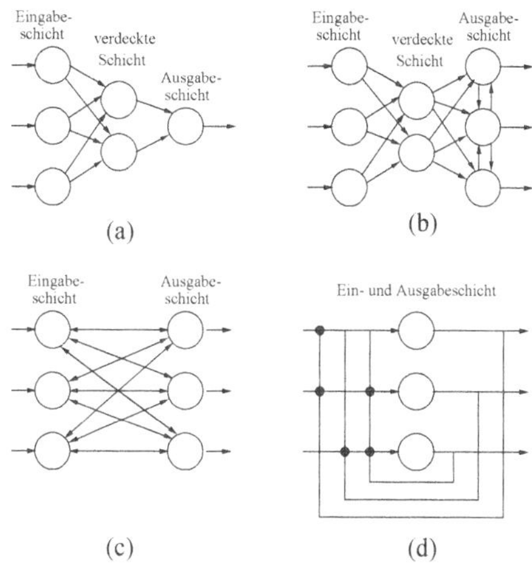

Abbildung 5.4: Topologien neuronaler Netze. In der oberen Reihe sind zwei mehrschichtige neuronale Netze (a) und (b) dargestellt. In der unteren Reihe ist links ein bilateral vorwärts- und rückwärts-gekoppeltes Netz (c) und rechts ein einschichtiges Netz mit Rückkopplung (d) schematisch gezeigt.

Als letztes Kriterium zur Unterscheidung verschiedener Netzwerktypen ist der Lernalgorithmus zu nennen. Nachdem die Art der Neuronen und der Netzwerktopologie festgelegt sind, sind die Werte der Gewichtsmatrix

$$\mathbf{W} = \begin{pmatrix} w_{11} & w_{12} & \dots & w_{1,M} \\ w_{21} & w_{22} & \dots & w_{2,M} \\ \vdots & \vdots & \dots & \vdots \\ w_{N1} & w_{N2} & \dots & w_{N,M} \end{pmatrix}$$

zu bestimmen. Diesen Vorgang bezeichnet man als Lernen der Gewichte. Grundsätzlich läßt sich eine Unterteilung in überwachtes und unüberwachtes Lernen vornehmen. Beim Vorgang des überwachten Lernens wird anhand vorklassifizierter Beispiele eine Funktionalität gelernt. Dazu wird ein Fehlerfunktional definiert, das eine qualitative Bewertung der aktuellen Netzwerkfunktion erlaubt und anhand dessen eine Fehlerminimierung durchgeführt wird. Man nennt dieses Vorgehen eine Fehlerrückführung, weil der am Ausgang gemessene Fehler durch Rejustieren der Gewichtsmatrix minimiert wird [35]. Beim unüberwachten Lernvorgang hingegen wird eine Einteilung des Datenraums, der durch die Dimensionalität der Beispiele aufgespannt wird, mit Hilfe von Merkmalabstandsmaßen vorgenommen. Diesen Vorgang bezeichnet man als Selbstorganisation [59].

Im Hinblick auf die hier zu lösende Aufgabe wird im folgenden die in Abbildung 5.4(d) skizzierte Topologie näher erläutert. Dieser Typ, ein rekurrentes neuronales Netz, wird anhand des von Hopfield vorgeschlagenen Netzwerkmodells vorgestellt.

5.2.2 Das Hopfieldmodell

Neuronale Netze im Sinne des Hopfieldmodells gehen auf den amerikanischen Physiker John Hopfield zurück [38]. Er hat durch die Herleitung einer Korrespondenz zu Spin-Glas-Modellen eine mathematische Analyse solcher rückgekoppelten Strukturen ermöglicht. Es existieren zwei Problemklassen, die mit Hilfe dieses Netzes gelöst werden können. Eine Form der Anwendung ist, ein gelerntes Muster mit den in den meisten Fällen verrauschten Eingangsdaten zu assoziieren. Die andere für den Symmetriedetektionsprozeß interessante Problemklasse ist die Lösung von Optimierungsproblemen unter Nebenbedingungen. Das Hopfieldmodell ist in der Lage, die sogenannten NP-vollständigen Probleme zu lösen. Ein Optimierungsproblem ist laut [19] dann NP-vollständig, wenn es zu den schwierigsten Problemen in NP gehört. NP ist die Menge aller Probleme, die von einer nichtdeterministischen Turingmaschine (universelles Automatenmodell siehe [19]) in polynomialer Laufzeit gelöst werden können. Die Laufzeit eines Algorithmus, der ein beliebiges Problem L' aus NP löst, unterscheidet sich von der Laufzeit eines geeigneten Algorithmus, der das Problem L löst, höchstens um einen polynomialen Faktor. Findet man also einen deterministisch polynomial-zeitbeschränkten Algorithmus für ein NP-vollständiges Problem, so kann aus diesem ein polynomialzeitbeschränkter Algorithmus für jedes Problem aus NP abgeleitet werden. Bislang existiert kein deterministischer Algorithmus, der in polynomialer Zeit ein NP-vollständiges Problem lösen kann. Mit Hilfe eines nicht-deterministischen Algorithmus, z.B. durch gezieltes Raten und anschließender Verifikation, ist das Problem allerdings in polynomialer Zeit lösbar.

Eines der bekanntesten NP-vollständigen Probleme ist das des Handlungsreisenden. Dieses Optimierungsproblem besteht darin, einen gegebenen Satz von Städten unter der Nebenbedingung, die kürzeste Wegstrecke zurückzulegen, jeweils einmal zu besuchen. Hopfield und Tank zeigten in [39], daß das Problem des Handlungsreisenden auf Basis des Hopfieldmodells gelöst werden kann. Diese Art von Problemen gehört zu den Schwierigsten aller Optimierungsprobleme. Da das Optimierungsproblem zur Symmetriedetektion einen maximalen Komplexitätsgrad eines NP-vollständigen Problems annehmen kann, ist dieses durch ein neuronales Netz in Sinne des Hopfieldmodells definitiv lösbar.

Peretto hat in [81] eine Entwurfsvorschrift für einen Satz von Nebenbedingungen vorgestellt, die sowohl linearer als auch quadratischer und sprungfunktionsgearteter Natur sein dürfen, so daß diese in ein Hopfieldnetz kodiert gelöst werden können. Mit Hilfe dieser Vorschriften ist ein Entwurfswerkzeug zur Problemkodierung in Form eines Hopfieldmodells gegeben.

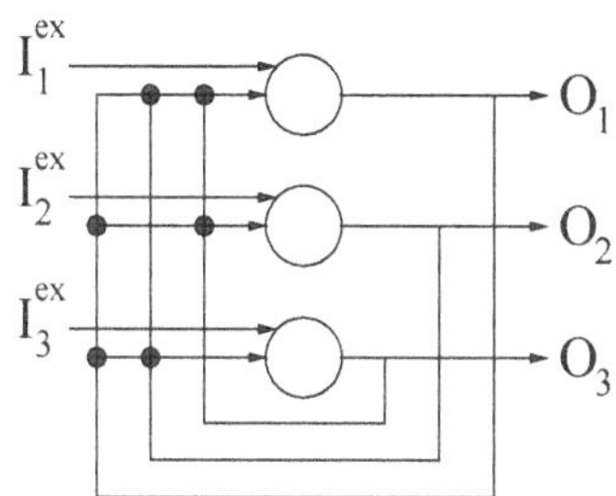

Abbildung 5.5: Topologie eines neuronaler Netzes nach dem Hopfieldmodell.

Die Struktur eines Hopfieldnetzes ist in Abbildung 5.5 skizziert. Das Netz besteht aus einer Schicht Neuronen. Die schwarzen Knoten in Abbildung 5.5 repräsentieren die Elemente der Gewichtsmatrix **W**. Alle Neuronen sind miteinander verkoppelt. Hopfield forderte, daß die Neuronen jedoch nicht mit sich selbst verkoppelt seien und daß die Verbindungsmatrix symmetrisch sei, also für die Elemente der Gewichtsmatrix **W** $w_{ij} = w_{ji}$ und $w_{ii} = 0$ gelte. Es existieren also keine direkten Rückkopplungen zum gleichen Knoten. In Anbetracht der Struktur des CSNN wird in diesem Abschnitt zur Herleitung der Stabilität ebenfalls $w_{ii} \neq 0$ zugelassen. Des weiteren ist ein externer Bias $I_i^{ex} \in \mathbb{R}$ gegeben, der wie ein Gewicht eines externen Neurons mit der Aktivierung eins anzusehen ist.

Durch die Rückkopplung des Ausgangs auf den Eingang unterscheidet sich das rekurrente Netz von anderen Netzen und fordert die Einführung einer Zeitachse $t \in \mathbb{N}^0$. (Im folgenden werden der besseren Lesbarkeit wegen nur dort die Indizes t angegeben, wo eine zeitliche Betrachtung des Netzes erfolgt.) Nach der Einkopplung des Eingangsvektors werden die Zustände der Neuronen solange iteriert, bis ein zeitstabiler Zustand in der Form erreicht wird, daß der zur Lösung der Aufgabe notwendige Ergebnisvektor vorliegt. Hierbei unterscheidet man grundsätzlich zwei verschiedene Typen: wertdiskrete und wertkontinuierliche Netze.

Bei kontinuierlichen Hopfieldnetzen werden kontinuierliche Neuronenzustände erlaubt. Häufig wird eine sigmoide Aktivierungsfunktion $F(I_i)$ mit einem Parameter $l \in \mathbb{R}^+$ für die Steilheit der Funktion genutzt.

$$F(I_i) = \frac{1}{(1 + e^{-lI_i})} \tag{5.4}$$

Wird für l ein großer Wert gewählt, so wird eine binäre Schwellenfunktion angenähert; ist der Wert dagegen klein, dann ist die Steigung der Sigmoide gering.

Für eine Optimierungsfunktion zur Symmetriedetektion sind die kontinuierlichen Hopfieldnetze nicht von Interesse, da sich die Problemkodierung durch diskrete Netze einfacher gestaltet.

Die diskreten Hopfieldnetze lassen zwei Neuronenzustände ähnlich dem Spin-Glass-Modell der Physik zu. Dabei unterscheidet man binäre $O_j^t = \{0, 1\}$ und bipolare Zustände $O_j^t = \{-1, 1\}$. Für den nächsten Abschnitt werden nur bipolare Zustände betrachtet, da die mathematische Analyse sich einfacher gestaltet.

Der Eingangswert eines Neurons zum Zeitschritt I_i^t wird folgendermaßen berechnet:

$$I_i^t = \sum_{j=1, j \neq i}^{N} w_{ij} O_j^t + I_i^{ex} \quad \text{mit} \quad i \in \{1, \ldots, M\} \quad . \tag{5.5}$$

Der Wert $I_i^{ex} \in \mathbb{R}$ ist eine konstante externe Erregung. Die Entscheidung über die Änderung des Neuronenzustands wird anhand des folgenden Kriteriums getroffen:

$$O_i^t = F(I_i^t) = \begin{cases} 1 & \text{falls} \quad I_i^t > \Theta_i \\ -1 & \text{falls} \quad I_i^t < \Theta_i \\ O_i^t & \text{falls} \quad I_i^t = \Theta_i \end{cases} \tag{5.6}$$

Falls der Eingangswert I_i^t größer ist als die interne Schwelle $\Theta_i \in \mathbb{R}$, wird der Zustand des Neurons auf eins gesetzt, ist er kleiner, wird der Zustand auf minus eins gesetzt und ist er gleich, so bleibt der Zustand unverändert.

Die Änderung eines Neuronenzustandes erfolgt nach Gleichung 5.6. Die zeitliche Abfolge der Neuronenzustandsänderungen bestimmt die Dynamik des Netzes ebenfalls. Hier sind in der Literatur zwei Propagationsregeln vorgeschlagen worden. Bei der sequenziellen Propagation wird zu jedem Zeitschritt ein Neuron zufällig ausgewählt und aktualisiert. Dieses kommt dem asynchronen biologischen Verhalten nahe und begünstigt eine theoretische Analyse. Die parallele Aktualisierung aller Neuronen ist die zweite Methode, die vor allem bei der Nutzung massiv parallel operierender Hardware genutzt wird. Diese erschwert weitere theoretische Analysen. Die erste Propagationsregel ist die ursprünglich von Hopfield zur Analyse der Stabilität einer solchen rekurrenten Netzwerktopologie vorgeschlagene Regel. Um eine Analyse der Dynamik und Stabilität zu ermöglichen, hat Hopfield eine Energiefunktion definiert. Diese hat folgende Form:

$$E = -\frac{1}{2} \sum_{i=1}^{M} \sum_{j=1}^{N} w_{ij} O_i O_j - \sum_{i=1}^{M} I_i^{ex} O_i + \sum_{i=1}^{M} \Theta_i O_i \quad . \tag{5.7}$$

Der erste Summand der Energiefunktion kann in fremd- und eigenerregende Gewichtsanteile aufgespalten werden, nämlich

$$E = -\frac{1}{2} \sum_{i=1}^{M} \sum_{j=1, i \neq j}^{N} w_{ij} O_i O_j - \frac{1}{2} \sum_{i=1}^{M} w_{ii} O_i O_i - \sum_{i=1}^{M} I_i^{ex} O_i + \sum_{i=1}^{M} \Theta_i O_i \quad . \tag{5.8}$$

Aufgrund der Eigenschaft $O_iO_i = 1$ ergibt sich

$$E = -\frac{1}{2}\sum_{i=1}^{M}\sum_{j=1,i\neq j}^{N} w_{ij}O_iO_j - C - \sum_{i}^{M} I_i^{ex}O_i + \sum_{i}^{M}\Theta_iO_i, \tag{5.9}$$

wobei $C = \frac{1}{2}\sum_i w_{ii}$ eine Konstante ist. Das heißt, daß die Eigenerregungen w_{ii} keinen Einfluß bei der Analyse der Netzwerkdynamik haben. Somit kann zur Vereinfachung $w_{ii} = 0\,\forall\, i$ gesetzt werden. Die Analyse der Dynamik des Netzes reduziert sich auf die drei verbleibenden Terme. Hierzu haben Grossberg und Cohen in [15] gezeigt, daß rekurrente Netze dann stabil sind, wenn die Gewichtsmatrix $\mathbf{W}$ die folgenden Bedingungen erfüllt:

1. $w_{ij} = w_{ji}$ für alle $i \neq j$ und
2. $w_{ii} = 0$ für alle i.

Somit ist für diese Vorgehensweise Stabilität sichergestellt. Diese Bedingung ist hinreichend, aber nicht notwendig, denn es existieren Gewichtskombinationen, die unter Verletzung dieser Stabilitätsbedingung stabil sind.

Bei einigen Anwendungen sind für die zu lösende Aufgabenstellung binäre Neuronenzustände $O_i = \{0, 1\}$ anstelle der bisher betrachteten bipolaren Zustände günstiger. Insbesondere läßt sich eine Beschleunigung in der Berechnung der Neuroneneingangsgrößen erzielen, da die Beiträge der Neuronen mit $O_i = 0$ sowohl in der Energie- als auch in der Aktualisierungsfunktion nicht berücksichtigt werden. Die Änderung des Neuronenzustandes erfolgt analog zu Gleichung (5.6).

$$O_i^t = F(I_i^t) = \begin{cases} 1 & \text{falls} \quad I_i^t > \Theta_i \\ 0 & \text{falls} \quad I_i^t < \Theta_i \\ O_i^t & \text{falls} \quad I_i^t = \Theta_i \end{cases} \tag{5.10}$$

Für diese Art der Aktivierung gilt die für Gleichung 5.9 notwendige Eigenschaft $O_iO_i = 1$ nicht. Die Energiefunktion lautet also

$$E = -\frac{1}{2}\sum_{i=1}^{M}\sum_{j=1,j\neq i}^{N} w_{ij}O_iO_j - \frac{1}{2}\sum_{i=1}^{M} w_{ii}O_iO_i - \sum_{i=1}^{M} I_i^{ex}O_i + \sum_{i=1}^{M}\Theta_iO_i \quad . \tag{5.11}$$

wobei die Eigenerregungen keinen konstanten Anteil in der Energiefunktion bilden. Da $O_iO_i = O_i$ gilt, ergibt sich

$$E = -\frac{1}{2}\sum_{i=1}^{M}\sum_{j=1,j\neq i}^{N} w_{ij}O_iO_j - \frac{1}{2}\sum_{i=1}^{M}(w_{ii} + I_i^{ex})O_i + \sum_{i=1}^{M}\Theta_iO_i \quad . \tag{5.12}$$

Zur Vereinfachung der weiteren Analyse werden die internen Schwellen $\Theta_i = 0\,\forall\, i$ und $(w_{ii} + I_i^{ex}) = I_i'^{ex}\,\forall\, i$ gesetzt. Die Eigenerregungen w_{ii} sind als Teil eines konstanten externen Bias interpretiert worden. Man kann des weiteren eine

Gewichtsmatrix $\mathbf{W}'$ angeben, die mit $\mathbf{W}$ übereinstimmt, jedoch alle w'_{ii} gleich null sind. Die zu untersuchende Energiegleichung folgt dann als

$$E = -\frac{1}{2}\sum_{i=1}^{M}\sum_{j=1,j\neq i}^{N} w'_{ij}O_iO_j - \frac{1}{2}\sum_{i=1}^{M} I_i'^{ex}O_i \quad . \tag{5.13}$$

Zur Stabilitätsanalyse wird die Auswirkung der Änderung eines Neuronenzustandes untersucht. Da die Neuronenzustände entweder 0 oder 1 sind, kann ein Neuron k folgende Energieveränderung $\Delta E = E^{t+1} - E^t$ mit

$$\begin{aligned} \Delta E &= (-\sum_{j=1}^{N} w'_{kj}O_k^{t+1}O_j^{t+1} - I_k'^{ex}O_k^{t+1}) \\ &\quad -(-\sum_{j=1}^{N} w'_{kj}O_k^{t}O_j^{t} - I_k'^{ex}O_k^{t}) \end{aligned} \tag{5.14}$$

hervorrufen. Der Faktor $\frac{1}{2}$ verschwindet wegen der Symmetrie der Matrix $\mathbf{W}'$, da die Terme $w'_{kj}O_k^tO_j^t$ zweimal in der Doppelsumme in Gleichung 5.13 vorkommen. Des weiteren hat sich der Zustand der Neuronen j nicht geändert. Die Gleichung 5.14 kann unter der weiteren Anahme $w'_{kk} = 0$ wie folgt umgeschrieben werden:

$$\Delta E = -(O_k^{t+1} - O_k^t)\sum_{j=1}^{N} w'_{kj}O_j^t + I_k'^{ex}(O_k^{t+1} - O_k^t) \tag{5.15}$$

$$\quad = -(O_k^{t+1} - O_k^t)(\sum_{j=1}^{N} w'_{kj}O_j^t + I_k'^{ex}) \tag{5.16}$$

Schließlich erhält man

$$\Delta E = -(O_k^{t+1} - O_k^t)I_k^t \quad . \tag{5.17}$$

wobei I_k^t die Gesamterregung des Neurons k ist. Es lassen sich jetzt zwei Fälle unterscheiden.

1. $I_k^t > 0$: nach Gleichung 5.10 ist dann $O_k^{t+1} = 1 > O_k^t$, somit $(O_k^{t+1} - O_k^t) > 0$ und $\Delta E < 0$.

2. $I_k^t < 0$: nach Gleichung 5.10 ist dann $O_k^{t+1} = 0 < O_k^t$, somit $(O_k^{t+1} - O_k^t) < 0$ und $\Delta E < 0$.

Das heißt, es existieren endlich viele Schritte t (Netzwerkzustände), bis die Energiefunktion ein zumindest lokales Minimum erreicht, was einem stabilen Zustand entspricht.

Die Netzwerkenergie E kann auch als makroskopische Variable des Systems angesehen werden. Ähnlich wie in der Physik, in der der Wert der Temperatur die Interaktion beliebig vieler Moleküle widerspiegelt, so wird hier das Zusammenspiel aller Neuronen durch die Netwerkenergie E beschrieben. Die Netzenergiefunktion

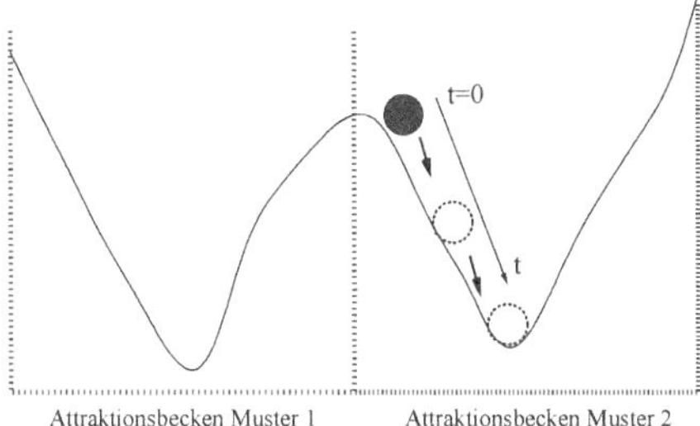

Abbildung 5.6: Beispiel einer Energielandschaft für ein Hopfieldnetz.

wird durch die Gewichte, den Bias und den aktuellen Aktivierungswert der Neuronen parametrisiert (vgl. Gleichung 5.14). Hierdurch wird eine Energielandschaft aufgespannt, bei der durch geschickte Wahl der Werte der Gewichtsmatrix **W** die Zielzustände der Optimierungsfunktion in Minima der Energiefunktion kodieren. Abbildung 5.6 verdeutlicht, wie von einem Startwert in ein entsprechendes Minimum iteriert wird.

5.2.3 Diskretes Neuronales Netz: CSNN

Wie bereits erwähnt, stellt Peretto in [81] eine Möglichkeit vor, ein Optimierungsproblem mit Hilfe von Hopfield-Netzen [38] zu lösen. Diese Art der neuronalen Netze sind in der Lage, Constraint-Satisfaction-Problems (CSPs) zu lösen, also eine gegebene Funktion unter Nebenbedingungen zu lösen. Eines dieser Art von Problemen ist das des Handlungsreisenden, der eine definierte Menge von Städten auf dem kürzesten Weg bereisen will. Die Aufgabe beinhaltet also das einmalige Erreichen jeder Stadt unter der Zielfunktion, die kürzeste Reiseroute zu berechnen.

Für ein derartiges diskretes neuronales Netz (DNN) definierte Peretto zwei Terme, die die Energiegleichung der Netzwerks bilden: eine Kostenfunktion H^{KF} und eine Nebenbedingungsfunktion H^{NF}. Die Kostenfunktion modelliert die Zielfunktion, während die Nebenbedingungsfunktion die Bedingungen repräsentieren, unter denen diese Lösung erreicht werden soll. Beim Beispiel des Handlungsreisenden ist die Zielfunktion, die Berechnung des kürzesten Weges, gleich der Kostenfunktion und das einmalige Erreichen jeder Stadt wird als Nebenbedingungsfunktion formuliert. Die Energiefunktion H läßt sich allgemein folgendermaßen formulieren:

$$H = H^{KF} + \sum_{u=1}^{U} \lambda_u H_u^{NF} \quad , \tag{5.18}$$

wobei $\lambda_u \in \mathbb{R}$, $u \in \{1, \ldots, U\}$ und $U \in \mathbb{N}^{++}$ Es gilt, diese Gleichung durch das

DNN zu minimieren. Der Faktor λ_u geht als Gewichtungsfaktor der Nebenbedingungsterme ein.

In dieser Arbeit werden für die Lösung des Optimierungsproblems die Eigenschaften der Symmetriedetektion in H^{KF} und den H_u^{NF} kodiert. Dieses Netzwerk wird im folgenden mit CSNN (*Constraint-Satisfaction-Neural-Network)* bezeichnet. Die Netzwerktopologie des CSNN ist dem des von Hopfield vorgeschlagenen Netzwerkes ähnlich [47, 43]. Als nächstes werden die Netzwerktopologie und die Netzwerkdynamik erläutert.

5.2.4 CSNN Topologie

Im Falle der Symmetriedetektion liegt der Gewinn einer Lösung der Symmetriedetektion als Optimierungsaufgabe mit dem CSNN darin, daß die Netzwerkenergie nach Erreichen des Stabilitätsminimums eine kontinuierliche Aussage über die Stärke der Symmetrie treffen kann.

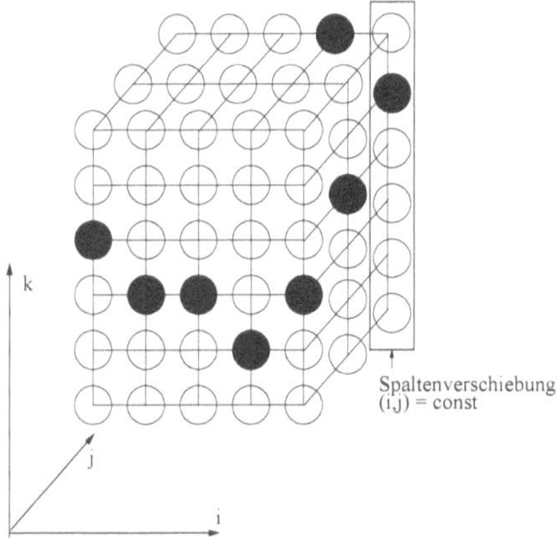

Abbildung 5.7: CSNN Netzwerktopologie.

Im einfachsten Fall kann die Symmetriestärke durch die Summe aller Differenzen der Bildmerkmale, die den gleichen geometrischen Abstand zur hypothetischen Symmetrieachse haben, bestimmt werden. In dieser Arbeit wird zusätzlich ein Verschiebungsraum, der Spaltenvektor aus Abbildung 5.7, aufgespannt, der eine Kombination eines Merkmals der linken Bildhälfte mit verschiedenen Merkmalen der rechten Bildhälfte, die im Verschiebungsraum liegen, konstruktiv bewertet (siehe Abbildung 5.8). Ziel dieses Vorgehens ist es, das Maß der Symmetriestärke unempfindlicher gegenüber perspektivischen Verzerrungen, Teilverdeckungen und Intensitätsunstetigkeiten zu machen. Damit diese Verschiebungen nicht zu einer völligen Verformung der Korrespondenzen

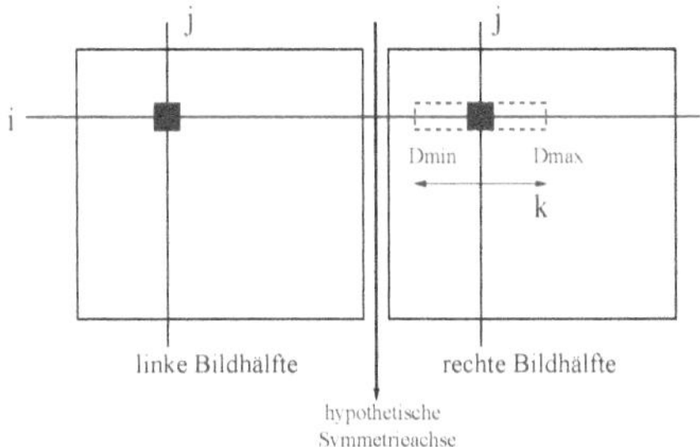

Abbildung 5.8: Korrespondenz zwischen der Netzwerktopologie und der Bildgeometrie.

der Merkmalverteilungen im Ort führen, wird eine Nebenbedingung eingeführt, die für eine lokale Stetigkeit der Merkmalverschiebungen im Ort sorgt. Diese beiden Problemkodierungen werden als Kosten- und Nebenbedingungsfunktion in die Architektur des Netzes übersetzt.

Das CSNN ist ein Netzwerk bestehend aus binären Neuronen $O_{i,j,k} \in \{0,1\}$. Der Ausdruck $\Psi = \{O_{i,j,k}\}$ ist die binäre Zustandsmenge des CSNN mit $i = \{i \in \mathbb{N}^+ \mid 1 \leq i \leq N_r\}$, $j = \{j \in \mathbb{N}^+ \mid 1 \leq j \leq N_c\}$ und $k = \{k \in \mathbb{Z} \mid D_{min} \leq k \leq D_{max}\}$, wobei $O_{i,j,k}$ den Zustand des Neurons i, j, k bezeichnet (siehe Abbildung 5.7). Des weiteren gilt $N_r \in \mathbb{N}^+, N_c \in \mathbb{N}^+, D_{min} < D_{max}, D_{min} \in \mathbb{Z}$ und $D_{max} \in \mathbb{Z}$. Das CSNN ist ein neuronales Netz mit dreidimensionaler Topologie. Hierbei stellen N_r und N_c die Größen (Reihen und Spalten) der zu vergleichenden Teilbilder dar. Somit bezeichnen i und j Pixelpositionen der zu vergleichenden Bildhälften. D_{min} und D_{max} sind die minimalen und maximalen horizontalen Verschiebungen eines Pixels, um eine optimale Anpassung zu realisieren. Sie spannen den Verbindungsraum zwischen den Pixeln der beiden Bildhälften auf, indem jedes Pixel aus der linken Bildhälfte $(i,j)_{links}$ auf ein Pixel des rechten Bildausschnittes $(i+k,j)_{rechts}$ abgebildet wird, wobei die Bildkoordinatensysteme identisch sind. Somit variieren die Spaltenverschiebungen des CSNN für einen Bildpunkt (i,j) mit k (siehe Abbildung 5.8). Jede Spalte repräsentiert den Satz möglicher Verschiebungen für diesen Bildpunkt, um mit einem Bildpunkt des anderen Bildes zu korrespondieren, wobei lediglich die Position des aktiven Neurons $(i,j,k)\,|_{(i,j)=\text{const}}$ die laterale Verschiebung des Bildpunktes (i,j) um den Wert k bezeichnet. Zur eindeutigen Ergebnisinterpretation der Korrespondenz wird gefordert, daß nur ein $O_{i,j,k}$ bei $(i,j) = const$ zu eins gesetzt wird, während die übrigen Neuronen kein Aktivitätspotential haben. Diese Forderung ändert die Netzwerkdynamik und läßt eine direkte Ableitung der Stabilität nach Gleichung 5.17 nicht zu und fordert eine Stabilitätsanalyse.

5.2.5 Energiefunktion des CSNN

Die Energiefunktion ist analog zu Gleichung 5.13 mit den Indizes $i = \{i \in \mathbb{N}^+ \mid 1 \leq i \leq N_c\}$, $j = \{j \in \mathbb{N}^+ \mid 1 \leq j \leq N_r\}$ und $k = \{k \in \mathbb{Z} \mid D_{min} \leq k \leq D_{max}\}$ folgendermaßen gegeben:

$$H = -\frac{1}{2}\sum_{i=1}^{N_c}\sum_{j=1}^{N_r}\sum_{k=D_{min}}^{D_{max}}\sum_{l=1}^{N_c}\sum_{m=1}^{N_r}\sum_{n=D_{min}}^{D_{max}} w_{i,j,k;l,m,n}O_{i,j,k}O_{l,m,n} - \sum_{i=1}^{N_c}\sum_{j=1}^{N_r}\sum_{k=D_{min}}^{D_{max}} I^{ex}_{i,j,k}O_{i,j,k} \quad . \tag{5.19}$$

wobei $I^{ex}_{i,j,k} \in \mathbb{R}$ der externe Eingangsbias eines jeden Neurons ist und $w_{i,j,k;l,m,n} \in \mathbb{R}$ die Verbindungsgewichte bezeichnen mit $l \in \{l \in \mathbb{N}^+ \mid 1 \leq l \leq N_c\}$, $m \in \{m \in \mathbb{N}^+ \mid 1 \leq m \leq N_r\}$ und $n \in \{n \in \mathbb{Z} \mid D_{min} \leq k \leq D_{max}\}$. Eine Gleichung, die die Ähnlichkeit der beiden Bildhälften bestimmt, wird als Pixel-Eigenschaftsfunktion H^{KF} formuliert.

$$H^{KF} = \sum_{i=1}^{N_r}\sum_{j=1}^{N_c}\sum_{k=D_{min}}^{D_{max}}\sum_{q=1}^{Q} \mid f_q^{li}(i,j) - f_q^{re}(i+k,j) \mid^2 O_{i,j,k} \quad , \tag{5.20}$$

$f_q^{li}(i,j)$ und $f_q^{re}(i,j), q \in \{q \in \mathbb{N}^+ \mid 1 \leq n \leq Q\}$ sind $Q \in \mathbb{N}$ lokale Eigenschaften der Pixel des linken und rechten Bildes, die zur Ähnlichkeitsanalyse genutzt werden. Die innere Summation $\sum_{q=1}^{Q} \mid f_q^{li}(i,j) - f_q^{re}(i+k,j) \mid^2$ entspricht dem Quadrat der euklidischen L_2-Norm analog zu Gleichung 6.1 aus Kapitel 6.

Die Glattheitsbedingung bzw. Kontinuitätsbedingung

$$H^{NF} = \sum_{i=1}^{N_r}\sum_{j=1}^{N_c}\sum_{k=D_{min}}^{D_{max}}\sum_{(r,s)\in\Phi} (O_{i,j,k} - O_{(i+r),(j+s),k})^2 B_{rs}. \tag{5.21}$$

stellt sicher, daß die horizontalen Spaltenverschiebungen in einem rechteckigen Fenster $\Phi \in \{i-R,\ldots,i+R\} \times \{j-S,\ldots,j+S\}, R \in \mathbb{N}^+, S \in \mathbb{N}^+$ zentriert um (i,j) identisch sind. Φ ist ein Satz Indizes der Kardinalität $\Omega = RS - 1$, wobei R und S die Größen des Glättungsfensters angeben. Der Punkt $(0,0)$ ist hierbei exkludiert. B_{rs} sind die Binomialkoeffizienten der Maske Φ, die eine Gaußfunktion approximieren. Die Binomialmaske wurde gewählt, um den Einfluß der Punkte mit deren Abstand zum Zentralpunkt zu gewichten.

Der Vergleich der Energie $H = H^{KF} + \lambda H^{NF}$ der Gleichungen (5.18), (5.20) und (5.21) mit der Gleichung (5.19), dem Bias $I^{ex}_{i,j,k}$ und den Gewichten $w_{i,j,k;l,m,n}$ ergibt

$$\begin{aligned} w_{i,j,k;l,m,n} &= 4\lambda \sum_{(r,s)\in\Phi} \delta_{((i,j),(l+r,m+s))}\delta_{(k,n)}B_{rs} \quad \text{und} \\ I^{ex}_{i,j,k} &= -\sum_{q=1}^{Q} \mid f_q^{li}(i,j) - f_q^{re}(i,j+k) \mid^2 - 2\Omega\lambda \quad , \end{aligned} \tag{5.22}$$

wobei $\delta_{(a,b)}$ die Kronecker Deltafunktion bezeichnet. Der Parameter $\lambda \in \mathbb{R}$ bestimmt nach Gleichung 5.18 das Verhältnis der Kostenfunktion zur Nebenbedingungsfunktion. Er bestimmt den Einfluß der Ähnlichkeits- und der Glattheitsbedingung der Energiefunktion. Experimente haben gezeigt, daß, wenn der Einfluß von H^{NF} deutlich überwiegt, sich die Empfindlichkeit der Symmetriedetektion verringert und die Bestimmung der exakten Lage der Symmetrieachse nicht zu leisten ist. Erhöht man hingegen den Einfluß von H^{KF} durch die Wahl eines sehr kleinen λ, so erhöht sich die Rauschanfälligkeit der Messung, die, wie schon beschrieben, durch Teilverdeckung oder durch ein kleines Objekt-zu-Hintergrund Verhältnis verursacht wird. Des weiteren sorgt ein sehr hohes λ für eine Erniedrigung der Welligkeit der durch die Gewichtsmatrix $w_{i,j,k;l,m,n}$ aufgespannten Energielandschaft, so daß zum Schluß, also bei weiterer Erhöhung von λ, lediglich ein Minimum übrig bleibt, welches immer dieselbe Position hat und keine Aussage mehr über die Lage der Symmetrie-Achse trifft.

5.2.6 Dynamik des CSNN

In der Topolgie des CSNN repräsentiert jede Spalte aus Abbildung 5.7 den Satz möglicher Verschiebungen für dieses Bildmerkmal, um die geringste quadratische L_2-Distanz zu dem Bildmerkmal der anderen Bildhälfte zu haben. Um eine eindeutige Ergebnisinterpretation sicherzustellen, wird gefordert, daß nur ein $O_{i,j,k}$ bei $(i, j) = const$ zu eins gesetzt wird, während die übrigen Neuronen kein Aktivitätspotential haben. Diese Forderung ändert die Netzwerkdynamik und läßt eine direkte Ableitung der Stabilität nach Gleichung 5.17 nicht zu und fordert eine Stabilitätsanalyse.

Grundsätzlich lassen sich zwei verschiedene Arten von Aktualisierungsverfahren der Neuronenzustände des CSNN benennen: deterministisch und stochastisch. Im ersten Verfahren wird von einem möglichst optimalen Startpunkt aus mit Hilfe des Gradientenabstiegs auf der Energielandschaft in ein Minimum gelaufen. Es wird mit hoher Wahrscheinlichkeit das nächste lokale Minimum sein. Im zweiten Verfahren wird abhängig von einem Parameter ein Abstieg per Zufall durchgeführt. Dieser Parameter wird als *Annealing*-Parameter (Abkühlungsparameter) bezeichnet. Er erhöht die Wahrscheinlichkeit eines Abstiegs für eine gewählte Richtung über die Zeit. Sinn und Zweck eines solchen Vorgehens ist es, zu Beginn des Optimierungsprozesses nicht für alle Richtungen die Netzwerkenergie zu minimieren, also direkt in ein lokales Minimum zu laufen, sondern, durch den Annealingparameter gesteuert, mit höherer Wahrscheinlichkeit in ein globales Minimum zu laufen.

Die Forderung nach $O^t_{i,j,k} = 1$ bei $(i, j) = const$ erfordert eine Stabilitätsanalyse für das CSNN. Die gewünschte Verringerung der Energie ist beim CSNN durch das Verändern zweier Neuronenzustände $O^t_{i,j,k}$ und $O^t_{i,j,k'}$ zu gewährleisten. Gleichung 5.22 zeigt, daß keine Verbindungsgewichte zwischen den Neuronen einer

Spalte existieren $w_{ijk,ijk'} = 0 \,\forall\, (k, k')$, da $\delta_{(k,n)}$ nur für $k = n$ gleich eins ist. Somit kann eine Energieänderung $\Delta H = H^{t+1} - H^t$ wie folgt formuliert werden.

$$\Delta H = -(O_{ijk}^{t+1} - O_{ijk}^t)I_{ijk}^t - (O_{ijk'}^{t+1} - O_{ijk'}^t)I_{ijk'}^t \quad .$$

Es seien $O_{ijk}^t = 0$ und $O_{ijk'}^t = 1$. Für einen Zustandwechsel gilt folglich $(O_{ijk}^{t+1} - O_{ijk}^t) = 1$ und $(O_{ijk'}^{t+1} - O_{ijk'}^t) = -1$. Dann vereinfacht sich die Energieänderung zu

$$\Delta H = I_{ijk'}^t - I_{ijk}^t \quad .$$

Da die Energieänderung kleiner null sein muß, um Stabilität zu garantieren, folgt

$$\begin{aligned} I_{ijk'}^t - I_{ijk}^t &< 0 \\ I_{ijk'}^t &< I_{ijk}^t \quad . \end{aligned} \tag{5.23}$$

Gleichung 5.23 fordert, daß der Eingangwert des Neurons $O_{ijk'}^t$ größer sein muß als der von O_{ijk}^t, damit unter Garantie der Stabilität eine Zustandsänderung der Neuronen durchgeführt werden kann. Um dieses sicherzustellen, erfolgt die Aktualisierung der Neuronenzustände für jedes $O_{i,j,k'}^t$ mit $(i, j) = const$ (für jede Spaltenverschiebung) synchron mit der folgenden deterministischen Regel: Berechne für alle Neuronen einer Spalte alle Eingänge

$$I_{i,j,k}^t = \sum_{l=1}^{N_r} \sum_{m=1}^{N_c} \sum_{n=D_{min}}^{D_{max}} w_{i,j,k;l,m,n} O_{l,m,n}^t + I_{i,j,k}^{ex}.$$

Das Neuron, das die höchste Eingangsaktivität $\max(I_{i,j,k}^t)$ aufweist, sorgt für einen Wechsel des Neuronenzustandes $O_{i,j,k}^t$ von 0 nach 1. Die Aktualisierungsfunktion sieht dann wie folgt aus:

$$O_{i,j,k}^t = \begin{cases} 1 & \text{falls} \quad I_{i,j,k}^t = \max_l(I_{i,j,l}^t, l \in \{D_{min}, \ldots, D_{max}\}) \\ 0 & \text{sonst} \end{cases} \quad . \tag{5.24}$$

Das zum Zeitpunkt t aktive Neuron muß gemäß der Eindeutigkeitsforderung eine Zustandsänderung von null nach eins vornehmen. Dann ist eine Energieminimierung sichergestellt.

Eine Gleichheit aller $I_{i,j,l}^t$ ist bei realen verrauschten Daten praktisch ausgeschlossen. Des weiteren werden alle Verschiebungsspalten zufällig ausgewählt und nacheinander (asynchron) aktualisiert. Um für das deterministische Verfahren einen möglichst guten Initialisierungswert zu erreichen, werden die Neuronen mit dem höchsten Bias $I_{i,j,k}^{ex}$ pro Spalte k zu eins gesetzt.

$$O_{i,j,k}^{t=0} = \begin{cases} 1 & \text{falls} \quad I_{i,j,k}^{ex} = \max_l(I_{i,j,l}^{ex}, l \in \{D_{min}, \ldots, D_{max}\}) \\ 0 & \text{sonst} \end{cases} \quad . \tag{5.25}$$

Wie zu Beginn des Abschnittes beschrieben, ist des weiteren eine statistisch basierte Aktualisierung der Neuronenzustände mit Hilfe eines Abkühlungsparameters denkbar. Im Falle der Hopfieldmodelle wird die sogenannte Boltzmann-Maschine verwendet, die eine stochastische Aktivierungsfunktion der Neuronen nach dem bekannten Metropolis-Algorithmus [74] realisiert. Übertragen auf das CSNN wird dann abhängig von der berechneten Energiedifferenz ΔH_k eine Wahrscheinlichkeit p_k errechnet, mit der diese Aktualisierung erfolgt.

$$p_k = \frac{1}{(1 + e^{\Delta H_k / T})} \, . \tag{5.26}$$

$T \in \mathbb{R}^+$ ist der Abkühlungsparameter. Die Aktivierungsfunktion hat dann die Form

$$O^t_{i,j,k} = \begin{cases} 1 & \text{falls} \quad I^t_{i,j,k} = \max_l(I^t_{i,j,l}, l \in \{D_{min}, \ldots, D_{max}\}) \quad \text{und} \quad (r^t \leq p_l) \\ 0 & \text{sonst} \end{cases} . \tag{5.27}$$

wobei $r^t = \{r^t \in \mathbb{R}^+ \mid 0 \leq r^t \leq 1\}$ der Wert einer Zufallsfunktion zum Iterationszeitpunkt t ist. Hierbei ist zu beachten, daß nicht der Wert der Aktivierungsfunktion durch eine Zufallsfunktion bestimmt wird, sondern die Wahrscheinlichkeit, mit der die Aktivierungsfunktion eine eins gegenüber einer null liefert. Solange T einen hohen Wert hat, ist die Wahrscheinlichkeit p_k für alle k ungefähr $\frac{1}{2}$. Für $T \to \infty$ ergibt sich eine Schwellwertfunktion. Somit können sowohl Erhöhungen als auch Verringerungen der Energie etabliert werden. „Kühlt" sich der Parameter T mit der Zeit t ab und geht gegen null, so wird $p_k \approx 1$ für $\Delta H_k < 0$ und $p_k \approx 0$ für $\Delta H_k > 0$, so daß Gleichung 5.27 der Gleichung 5.24 entspricht. Für kleine T $(0 < T < 1)$ ist ein steiler Verlauf der Aktivierungsfunktion gegeben. Mit Absinken der künstlichen Temperatur T geht die Wahrscheinlichkeit der Instabilität des Netzes gegen null, da eine Neuronenzustandsänderung bei $\Delta H_k > 0$ mit der Wahrscheinlichkeit $p_k \approx 0$ durchgeführt wird. Mit niedrigen künstlichen Temperaturen, also kleinem T, wird mit hoher Wahrscheinlichkeit ein niedrigerer Zustand der Energie angenommen. Trotzdem existiert noch die geringe Wahrscheinlichkeit, daß ein Zustand höherer Energie angenommen wird. Bei höheren T ist die Tendenz, Zustände niedrigerer Energie anzunehmen, unwahrscheinlich. Dieses Verfahren bietet zwei Vorteile. Dadurch, daß nicht auf direktem Weg in das nächste lokale Minimum gelaufen wird, können bei nicht gegebener Glattheit der Energiefunktion ungewollte Stabilitätspunkte, parasitäre Effekte bei der Bestimmung der Energiefunktion, durch Variation des Parameters T vermieden werden. Kleine lokale Minima werden unterdrückt [76].

5.3 Symmetriebasierte Objekterkennung

Viele Objekte in der Natur sowie auch in der durch den Menschen geschaffenen Umgebung weisen häufig symmetrische Strukturen auf. Diese motiviert eine symmetriebasierte Objekterkennung. Mit dem CSNN ist ein robustes kontinuierliches Maß zur Bestimmung der Symmetriestärke entwickelt worden. Für einen gegebenen Bildausschnitt kann die Stärke der Symmetrie unter der Voraussetzung, daß die Symmetrieachse in der Mitte des Bildes liegt, bestimmt werden. Hierzu werden Elementarmerkmale in einem neuronalen Netz gekoppelt und bewertet, so daß als Ergebnis das abstrakte Merkmal der Symmetriestärke durch die Netzwerkenergie H gegeben ist.

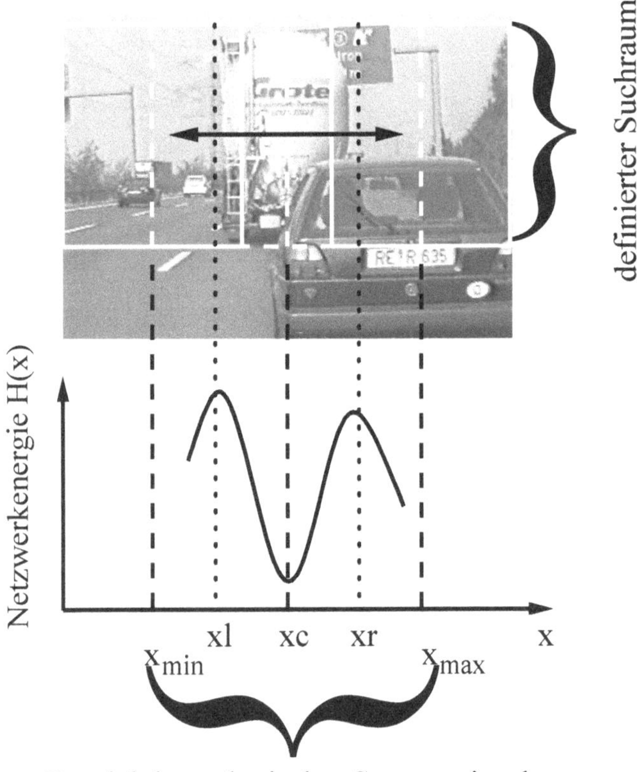

Abbildung 5.9: Satz von Symmetriehypothesen in einem gegebenen Suchraum. Unten: Der gewünschte Verlauf der Symmetriestärke (Netzwerkenergie).

Um nun für einen beliebigen Bildausschnitt die Positionen der Symmetrieachsen auch mehrerer Objekte zu determinieren, wird die Symmetriestärke in einem Suchraum für einen Satz hypothetischer Symmetrieachsen bestimmt. In Abbildung 5.9 ist das zur Objekterkennung notwendige Vorgehen skizziert. Für einen definierten Suchraum im Bild wird für jede Position $x \in \{x_{min}, \ldots, x_{max}\}$

(Bildspalten) die finale Netzwerkenergie des CSNN $H(x)$ berechnet. Der ideale Verlauf von $H(x)$ ist im unteren Teil der Abbildung wiedergegeben. Die lateralen Objektgrenzen sind durch die Punkte xl und xr und die Lage der stärksten Symmetrie durch den Punkt xc gegeben. In Abbildung 5.11 sind reale Meßergebnisse für vorgegebene Bildausschnitte unterschiedlicher Größe gezeigt. Je kleiner der Wert $H(x)$ ist, desto deutlicher ist die Symmetrie für diese Hypothese. Wie in Abbildung 5.11 zu sehen ist, sind viele Werte relativ klein, da der Hintergrund symmetrisch ist. Für die Aufgabe der Objekterkennung kann aber davon ausgegangen werden, daß die Objekte sich an ihren lateralen Objektgrenzen durch eine große Unähnlichkeit vom Hintergrund unterscheiden. So erklären sich auch die Maxima des Kurvenverlaufs. Zur eindeutigen Erkennung eines Objektes werden seine Symmetrieachse und die laterale Objektausdehnung als Folgen von Maximum, Minimum und wieder Maximum des Energieverlaufs detektiert. Je größer die Differenz zwischen Minimum und zugehörigen Maxima ist, umso sicherer ist die Schätzgüte für ein Objekt. Der Parameter λ aus Gleichung 5.18 beeinflußt diesen Kurvenverlauf ebenfalls. Wird λ sehr klein gewählt, so überwiegt der Anteil der Kostenfunktion und der Kurvenverlauf wird flacher. Die Bestimmung des exakten Minimums wird somit schwieriger. Wird der Parameter λ zu groß gewählt, so erhöht sich die Invarianz gegenüber Rauschen und Bildverzerrungen. Auch dieses führt wieder zu einem eher flachen Verlauf ohne ausgeprägte Minima und Maxima. Dieses Vorgehen der Detektion der Symmetrieachse durch Analyse eine Max-Min-Max Folge ist ein stabiles und robustes Verfahren.

Im bisher diskutierten Meßverlauf ist lediglich die Netzwerkenergie ausgewertet worden. Nicht nur der Wert der finalen Energie $H(x)$ liefert Informationen über die Symmetrie. Auch geben die Positionen k mit $D_{min} \leq k \leq D_{max}$ aller aktiven Neuronen mit $O_{ijk} = 1$ an, um wieviel das Merkmal des rechten Bildes $f_q^{re}(i,j)$ verschoben werden muß, um mit dem ähnlichsten Merkmal $f_q^{li}(i, j+k)$ des linken Bildes übereinzustimmen. Die Häufigkeit der Verschiebungen q_k aller Merkmale wird folgendermaßen berechnet:

$$q_k = \sum_{i=1}^{N_c} \sum_{j=1}^{N_r} O_{ijk} \quad .$$

Wenn das Maximum dieser Verteilung größer als ein Wert τ_s ist, dann wird die Lage der Symmetrieachse auf den Wert $s \in \mathbb{N}^+$ verschoben. Der Wert für s ergibt sich dann zu

$$s = \begin{cases} k & \text{falls} \quad (q_k = \max_l(q_l)) \wedge (\max_l(q_l) > \tau_s) \\ 0 & \text{sonst} \end{cases} \tag{5.28}$$

wobei $\tau_s = \{\tau_s \in \mathbb{N}^+ \mid 0 \leq \tau_s \leq (N_c N_r)\}$ eine Konfidenzschwelle angibt. Gemäß Abbildung 5.10 erlaubt diese Eigenschaft des CSNN eine Unterabtastung der Bildspalten, um die Anzahl der hypothetischen Symmetrieachsen zu erniedrigen und

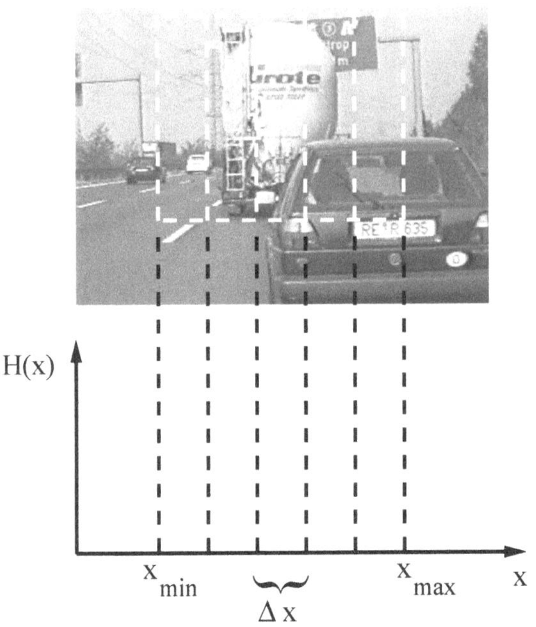

Abbildung 5.10: Unterabtastung der x-Achse. Die Auswertung der Spaltenvektoren des CSNN stellt eine genau laterale Positionsbestimmung für xl, xr und xc sicher.

Rechenzeit zu sparen, ohne daß eine größere Ungenauigkeit der Messung folgt. Dazu muß $|D_{max}| = |D_{min}|$ gelten mit $D_{max} \geq 0$ und $D_{min} \leq 0$. Die Quantisierung ist mindestens so zu wählen, daß der horizontale Abstand der Hypothesen kleiner als $\Delta x = (D_{max} - D_{min} + 1)$ ist.

Um nun für einen beliebigen Bildausschnitt, wie er in Abbildung 5.11 gegeben ist, die Positionen der Symmetrieachsen mehrerer Objekte zu determinieren, wird ein Satz hypothetischer Symmetrieachsen definiert. Dieser Satz enthält maximal alle Bildspalten, abzüglich der Spalten der Randbereiche, die wie in Abbildung 5.11 keine Werte liefern. Für jede dieser hypothetischen Achsen wird eine vollständige Netziterartion durchgeführt. Die finalen Energiewerte der Netze sind im Meßwertverlauf rechts neben den Bildern dargestellt.

Das in der vorliegenden Arbeit entwickelte Verfahren stellt eine Kopplung zweier Bildhälften dar, die durch elementare Merkmale repräsentiert sind. Mit der makroskopischen Variablen der Netzwerkenergie H wird das abstrakte Merkmal der Symmetrie charakterisiert. Die Elementarmerkmale der meisten Verfahren zur Symmetriedetektion lassen sich in intensitäts- und kantenbasiert teilen. Beide weisen für sich genommen Schwächen auf. Somit liegt eine Kombination beider Merkmalgruppen auf der Hand.

Aufgrund der Tatsache, daß die beiden Bildhälften sich in ihrer Objekt- und vor allem Hintergrundtextur unterscheiden, muß eine Merkmalextraktion gewählt werden, die die Leistungsfähigkeit des CSNN begünstigt. Es werden zwei im folgenden aufgeführte Vorverarbeitungsfilter genutzt: der Monotonieoperator und das Laplace-Filter [44].

Der Monotonie-Operator wird in einer leicht modifizierten Berechnungsvorschrift gegenüber der in [44] gegebenen eingesetzt. In [60] sind bereits gute Ergebnisse bei Bildkorrelationen zur Berechnung des optischen Flusses auf Basis des Monotonie-Operators gezeigt worden.

Der gewichtete Monotonie-Operator $G_M(x,y)$ wird in einer Dimension berechnet, da Merkmale bezüglich der vertikalen Symmetrie notwendig sind. In einer Maske S, die im Punkt (x,y) zentriert ist, wird ein Vergleich aller Punkte mit dem Zentralpunkt durchgeführt. Das Vergleichsergebnis für jeden Punkt wird gleich null gesetzt, wenn der Intensitätswert größer oder gleich dem Intensitätswert des Zentralpunktes $G(x,y)$ ist. Anderenfalls wird er gleich eins gesetzt. Alle Vergleichswerte werden durch ihre Distanz zum Maskenmittelpunkt gewichtet aufsummiert und bilden den charakteristischen Wert, das Merkmal, für den Zentralpunkt (x,y). Formal ist der Monotonie-Operator beschrieben durch

$$G_M(x,y) = \sum_{n \in S} \frac{1}{\mid x-n \mid} \sigma(n,y) \qquad \text{mit } \sigma(n,j) = \begin{cases} 1 \text{ wenn } G(x,y) > G(x+n,y) \\ 0 \text{ sonst} \end{cases}$$

Wird die Größe der Maske $S = 5$ gewählt, so wird die Intensitätsverteilung von einer Menge von 256 Werten auf 9 verschiedene Merkmale reduziert. Der Rechenaufwand für diesen Operator ist sehr gering, da lediglich Vergleichsoperationen neben der Addition und Multiplikation notwendig sind. Ein weiterer Vorteil ist die Unabhängigkeit vom absoluten Grauwert des Bildes. Maßgeblich wird hiermit die Bildstruktur wiedergegeben. Diese ist mehrdeutig, da Permutationen der Pixel im Ort zu gleichen Werten führen können. Diese Eigenschaft wirkt sich vorteilhaft bei der Lösung des kombinatorischen Optimierungsproblems aus.

Das Laplace-Filter ist ein Bandpaßfilter [44]. Häufig wird es zur Detektion von Kanten eingesetzt. Es ist ein Ableitungsfilter zweiter Ordnung und detektiert Kanten durch Extraktion der Wendepunkte (ein hell zu dunkel Sprung oder umgekehrt). Flächen konstanter Grauwerte und auch langsam ansteigende oder abfallende Grauwertverläufe werden nicht detektiert.

5.4 Experimente

Für verschiedene Bildsequenzen ist eine Analyse der Symmetrien eines definierten Bildausschnittes, auch *Area of Interest* (AOI) genannt, bestimmt worden. Die

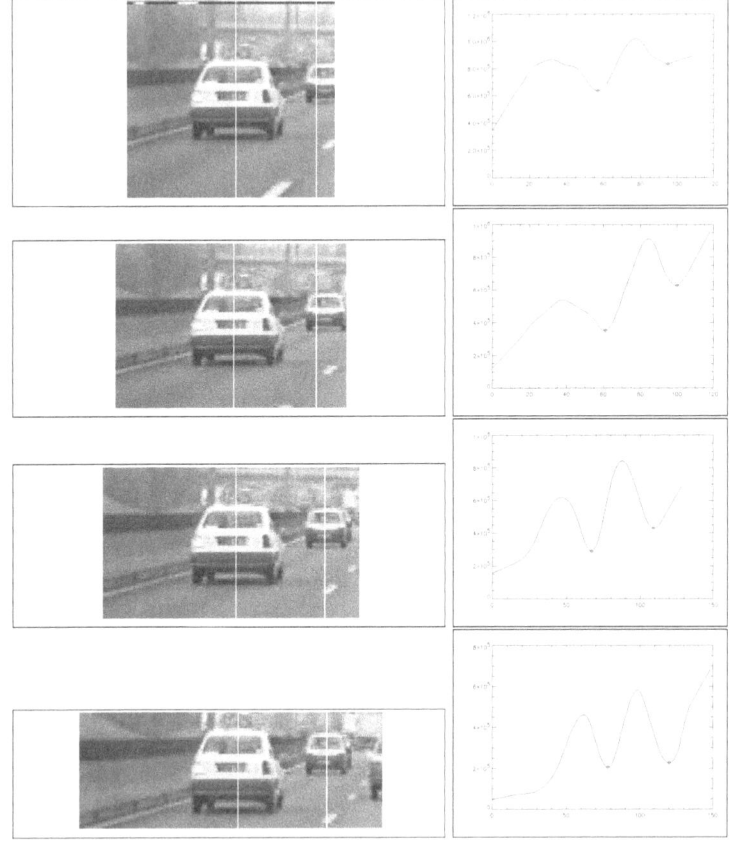

Abbildung 5.11: Detektierte Symmetrieachsen bei Variation des Hintergrundanteils von 5 bis 50% für das weiße Auto auf der linkes Seite. Die zugehörigen Unähnlichkeitskurven sind rechts jeweils dargestellt, wobei auf der Ordinate die möglichen Symmetrieachsen, also die Bildspalten, und auf der Abzisse die finalen Energiewerte der entsprechenden CSNN-Berechnungen aufgetragen sind.

Auswirkungen der Größe der AOI auf die Objekterkennung wird in Abbildung 5.11 gezeigt. Auf der linken Seite sind Grauwertbildauschnitte verschiedener

Größe zur Symmetrieanalyse extrahiert worden. Rechts sind die Verläufe der finalen Netzwerkenergie $H(x)$ in Abhängigkeit von der lateralen Bildposition gezeigt. Hierbei variiert der Anteil des Hintergrundes von 5% bis 50% der zu vergleichenden Bildausschnitte der Größen 400×90 bis 400×50 Pixeln. Es ist ersichtlich, daß sich die Schätzgüte für die Symmetrieachse mit der Verringerung des Hintergrundanteils verbessert. Des weiteren ist die Approximationsgüte des CSNN hinreichend gut. Selbst bei einem Anteil von 50% des Hintergrundes kann die Lage der Symmetrieachse korrekt bestimmt werden.

5.5 Zusammenfassung

In diesem Kapitel der vorliegenden Arbeit ist die Objekterkennung mit Hilfe des abstrakten Merkmals der Symmetrie entwickelt und erfolgreich getestet worden. Das Verfahren zeichnet sich besonders durch sein hohes Maß an Robustheit gegen Störungen in Szenen natürlicher Umwelten aus. Auch bei der Wahl eines in Bezug auf die Objektgröße schlecht dimensionierten Suchraums ist die Approximatinsgüte hinreichend gut. Eine ungefähre Angabe der zu erwarteten Objektgröße ist völlig ausreichend. Objekte, die lediglich 50% der durch den Suchraum definierten Objektgröße annehmen, werden zuverlässig erkannt. Das Verfahren ist in der Lage, die laterale Position im Bild und die Objektausdehnung zu determinieren.

Kapitel 6

Distanzmaße zur texturbasierten Wiedererkennung von Objekten

Eines der beachtlichsten Fähigkeiten biologischer Sehsysteme ist die Wiedererkennung zuvor gesehener Objekte. Dieser Prozeß ist äußerst komplex und wird wahrscheinlich durch Kombination verschiedener Perzepte (Objekteigenschaften) realisiert. Auch in der rechnergestützten Bildverarbeitung ist die Wiedererkennung bereits erkannter Objekte eine Teilaufgabe der dynamischen Szenenanalyse. Zum Beispiel kann die errechnete Trajektorie, also der vom Objekt über einen Zeitraum zurückgelegte Weg, zur Prädiktion der Objektbewegung genutzt werden und für den Bereich der Verkehrssicherheit die entscheidende Größe *time-to-collision* berechnet werden, die die Zeit bis zum Zusammenstoß des eigenen Fahrzeugs mit dem beobachteten Verkehrsteilnehmer angibt.

Die Aufgabe der Wiedererkennung läßt sich in zwei Lösungschritte teilen:

1. Finde eine möglichst umfassende Objektbeschreibung (Objektmodell) und
2. finde ein störsicheres Vergleichsmaß zur Distanzbestimmung zwischen Modell und Bild.

Bei der Beschreibung eines Objektmodells durch eine Merkmalverteilung nach Punkt 1 müssen grundsätzlich zwei Forderungen gegeneinander abgewogen werden. Zum einen soll die Merkmalverteilung möglichst niederdimensional sein, um den Vergleich nach Punkt 2 einfach zu halten, und zum anderen muß sie so hochdimensional sein, daß eine objektspezifische Beschreibung möglich ist.

In diesem Kapitel werden verschiedene Distanzmaße definiert, die die Ähnlichkeit zwischen Modellmerkmalen und Bildmerkmalen beschreiben, wobei eine kleine Distanz gleichbedeutend mit einer großen Ähnlichkeit ist. Dieses geschieht mit dem Ziel, ein durch die Merkmalverteilung bekanntes Objekt in einem Bild mit hoher Sicherheit wiederzufinden. Die Aufgabe der Wiedererkennung wird auf Basis eines definierten Distanzmaßes durch die Minimierung des Abstandes zwischen Modell- und Bildmerkmalverteilung unter Variablen wie Translation und

Skalierung gelöst. Als erstes wird die Wahrnehmungsdistanz oder perzeptuelle Distanz $d_?$ definiert.

Definition der perzeptuellen Distanz

Die unbekannte und nur qualitativ zu bestimmende perzeptuelle Distanz $d_?$ ist ein Maß für die Wahrnehmung der Ähnlichkeit von Modell und Bild, das im Sinne biologischer Systeme eine optimale Schätzung der Ähnlichkeit leistet.

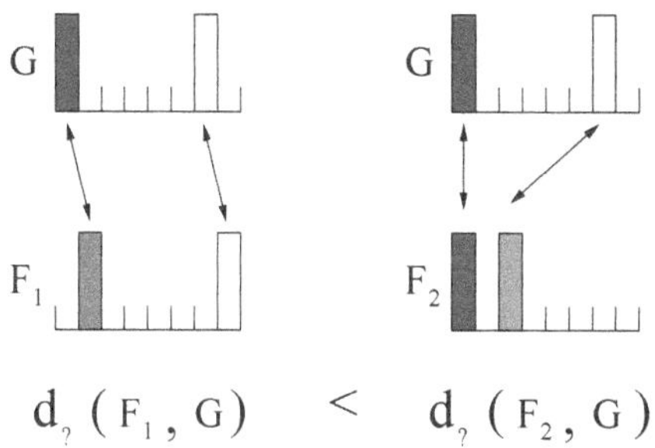

Abbildung 6.1: Für eine perzeptuelle Distanz soll $d_?(F_1, G) > d_?(F_2, G)$ mit G als Modellverteilung und F_1 und F_2 als Bildmerkmalverteilungen gelten. Die notwendigen Vergleiche verschiedener Indizes der beiden Verteilungen sind durch Pfeile angedeutet.

Die perzeptuelle Distanz zweier Bilder, die durch ihre Grauwerthistogramme $G = \{g_i\}$ und $F = \{f_i\}$ mit $i = \{i \in \mathbb{N}^+ \mid 1 \leq i \leq Q\}$, $f_i = \{f_i \in \mathbb{R} \mid 0 \leq f_i \leq 1\}$ und $g_i = \{g_i \in \mathbb{R} \mid 0 \leq g_i \leq 1\}$ mit $Q \in \mathbb{N}^+$ repräsentiert werden, ist in Abbildung 6.1 veranschaulicht. Sie ist in diesem Zusammenhang eine nur durch psychophysische Experimente meßbare Distanz. Aufgabe der Bildverarbeitung ist es, diese Wahrnehmungsdistanz eines menschlichen Beobachters möglichst gut zu approximieren. Sie soll die Veränderung der Merkmalverteilung so erfassen, daß ebenfalls $d(F_1, G) > d(F_2, G)$ gilt. Drei Bedingungen muß die perzeptuelle Distanz genügen:

1. Es soll ein indexübergreifender Vergleich der Merkmale gewährleistet sein. Das Merkmal g_i der Verteilung G soll mit allen Merkmalen f_j der Verteilung F verglichen werden.

2. Die „Verschiebung" eines Merkmals durch Veränderung der Beleuchtungsverhältnisse kann über die Zeit auch nur teilweise erfolgen. Zum Beispiel können die Anteile der Merkmale g_1 und g_2 einem Merkmal $f_2 = \frac{1}{2}g_1 + \frac{1}{2}g_2$ entsprechen.

3. Die Distanz soll symmetrisch sein: $d_?(G, F) = d_?(F, G)$.

In diesem Kapitel werden die schon in Kapitel 4 zur lokalen Bildentropie betrachteten Verteilungen des Grauwerthistogramms als objektbeschreibendes Merkmal eingesetzt. Dieses hat zwei Gründe. Zum einen läßt sich die Anzahl der Grauwerte skalieren, so daß die Größe der Merkmalverteilung reduziert werden kann. Zum anderen vereinfacht sich die Erläuterung der im folgenden definierten Distanzmaße auf den eindimensionalen Fall.

Eine Verteilung der Grauwerte eines Bildes kann wie in Abbildung 6.2 gezeigt aussehen. Die Größe der Merkmalverteilung kann durch eine Reduktion der Anzahl der möglichen Intensitätswerte skaliert werden. Hierzu ist eine Fenstergröße Δc für alle Indizes des Histogramms zu definieren, die die Integrationslänge der Summation benachbarter Intesitätswerte zu einem Repräsentanten angibt. Im folgenden wird eine für alle Indizes $i \in \{1, \ldots, C\}$ und $j \in \{1, \ldots, C\}$ konstante Fenstergröße Δc angenommen.

In Abbildung 6.3 ist die Auswirkung verschiedener Fenstergrößen auf die

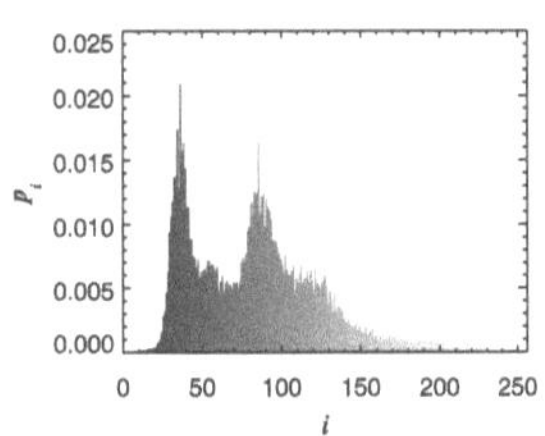

Abbildung 6.2: Links: Bildausschnitt mit einem Objekt. Rechts: normiertes Grauwerthistogram (Auftrittswahrscheinlichkeiten p_i für jeden Grauwert i mit maximal $C = 256$ Grauwerten also $\Delta c = 1$).

Modellmerkmalverteilung ersichtlich. Eine Beschreibung der Objekteigenschaft durch vier Grauwerte (unten rechts) ist eine sehr allgemeine Beschreibung und Störungen wie Änderungen der Verteilung innerhalb der Integrationlänge machen sich nahezu nicht bemerkbar, wie man durch einen Vergleich der beiden Histogramme sehen kann. Die Beschreibung durch ein Histogramm mit einer Auflösung von $\Delta c = 16$ Grauwerten verlagert die Forderung nach Invarianz gegen Störungen bei einer natürlichen Umwelt in den Prozeß der Distanzbestimmung, da die Grauwertverteilung des Objekts hierdurch detaillierter beschrieben ist. Kleine Änderungen der Grauwertverteilung über die Zeit können (linke Verteilungen in Abbildung 6.3), wie später gezeigt wird, zu großen Distanzen führen. Ziel ist es, die spezifischen Eigenschaften des Objektes zu erhalten. Gleichzeitig muß für eine ausreichende Invarianz gegenüber Störungen und objektinhärenten

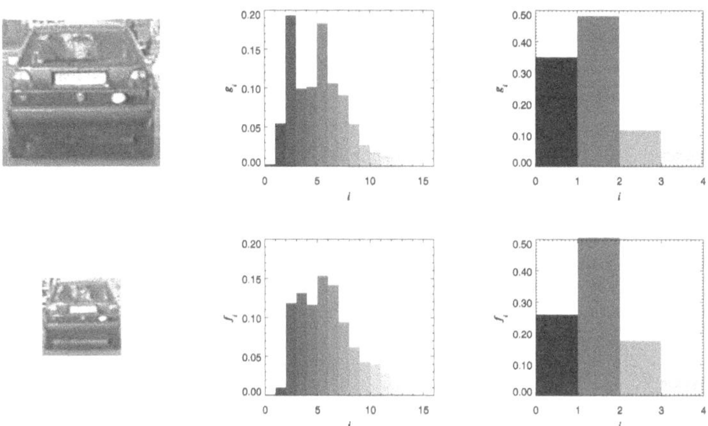

Abbildung 6.3: Grauwertverteilungen g_i und f_i für zwei Fenstergrößen und zu zwei verschiedenen Zeitpunkten einer Bildsequenz. Links: Grauwertbilder, mitte: Verteilungen bei $\Delta c = 16$ und rechts: Verteilungen bei $\Delta c = 64$.

Änderungen über die Zeit durch Auswahl einer optimalen Fenstergröße gesorgt werden, um die Aufgabe der Wiedererkennung veränderlicher Objekte in einer natürlichen Umwelt zu lösen. Die Verteilungen zu den beiden verschiedenen Zeitpunkten sind bei einer Quantisierung in 4 Grauwertstufen ähnlicher, als die in 16 Grauwertstufen. Schlußfolgernd wird eine Distanzschätzung, die lediglich gleiche Indizes der beiden Verteilungen miteinander vergleicht, auf vier Grauwerten robuster sein, als eine Schätzung auf 16 Grauwerten. Ist das Distanzmaß so entworfen, daß ein indexübergreifender Vergleich möglich ist, dann wird die Schätzung auf Basis von 16 Grauwerten bessere Ergebnisse liefern. Im Anschluß werden diese beiden Arten der Vergleiche zur Distanzmessung indexidentische Vergleiche und Kreuzindexvergleiche genannt.

Es werden vier Abstandsmaße, die einen indexidentischen Vergleich der Modell- und Bildmerkmalverteilungen, entsprechend $G = \{g_i\}$ und $F = \{f_i\}$, gestatten, mit $i = \{i \in \mathbb{N}^+ \mid 1 \leq i \leq Q, Q \in \mathbb{N}^+\}$, $f_i = \{f_i \in \mathbb{R} \mid 0 \leq f_i \leq 1\}$ und $g_i = \{g_i \in \mathbb{R} \mid 0 \leq g_i \leq 1\}$, definiert. Verschieben sich Anteile eines Merkmals über die Zeit in einen anderen Index, lassen sich diese Verschiebungen durch die Wahl eines größeren Indexfensters Δc der Histogrammbestimmung kompensieren.

Ergänzend werden drei Methoden, die einen Kreuzindexvergleich durchführen, definiert. Hierbei wird der Problematik der Verschiebung in andere Indexfenster Rechnung getragen. Diese erlauben dann kleinere Indexfenster, die zu einer objektspezifischeren Beschreibung führen, jedoch entsprechen auch diese Maße nicht der gewünschten perzeptuellen Distanz.

6.1 Vergleiche identischer Indizes

In diesem Abschnitt werden vier verschiedene, in diesem Zusammenhang in der Literatur häufig genutzte, Distanzmaße genannt. Sie beschränken sich auf indexidentische Vergleiche, weshalb sie für die Objekterkennung aufgrund der zuvor beschriebenen Einschränkung der Wahl einer starken Grauwertreduktion von sekundärem Interesse sind. Sie werden hier der Vollständigkeit halber aufgelistet und nicht weiter diskutiert.

Minkowski Distanz

$$d_{L_r}(F,G) = (\sum_{i=1}^{Q} \mid f_i - g_i \mid^r)^{1/r} \quad , \tag{6.1}$$

wobei $r \in \mathbb{N}^+$ ist. Die L_1 Distanz wird oft zur Ähnlichkeitsbestimmung von Farbbildern genutzt [102]. Andere Distanzmaße sind die L_2 und die L_∞ Norm. In [101] ist gezeigt, daß das L_1 Maß zu vielen Fehlbestimmungen führen kann.

Histogramm-Schnittpunkte

$$d_+(F,G) = 1 - \frac{\sum_{i=1}^{Q} \min(f_i, g_i)}{\sum_{i=1}^{Q} g_i}$$

Diese Methode ist aufgrund der Fähigkeit, Teilverdeckungen gut erfassen zu können, von gesteigertem Interesse. Sie ist aber nicht symmetrisch, das heißt $d_+(F,G) \neq d_+(G,F)$.

Kullback-Leibler Divergenz

Die Kullback-Leibler Divergenz ist wie folgt definiert [63]:

$$d_{KL}(F,G) = \sum_{i=1}^{Q} f_i \log \frac{f_i}{g_i} \quad , \tag{6.2}$$

wobei $0 \log \frac{0}{g_i} = 0$ und $f_i \log \frac{f_i}{0} = \infty$ gilt. Vom Standpunkt der Informationstheorie beschreibt dieses Maß die Ineffizienz, eine Verteilung zu kodieren, wobei die andere Verteilung als Codebook-Vektor genutzt wird [17]. Dieses Maß ist jedoch nicht symmetrisch.

Eine in der Literatur angegebene numerisch stabile Modifikation der Kullback-Leibler Divergenz ist die Jeffrey-Divergenz [84]. Dieses Maß ist ein symmetrisches

Maß und gehört ebenfalls zu der Gruppe der indexidentischen Vergleiche. Wie für alle diese Verfahren ist eine grobe Quantisierung der Verteilungen Voraussetzung, daß kleine Änderungen zu keinen größen Sprüngen der Verteilungen und somit der Distanzen führen. Es stellt bei genügend großen Indexfenstern ein sehr stabiles Vergleichsmaß dar. Es ist, wie in [84] gezeigt, robust gegen Bildrauschen. Die empirisch gewonnene

Jeffrey Divergenz

$$d_J(F,G) = \sum_{i=1}^{Q}(f_i \log \frac{f_i}{h_i} + g_i \log \frac{g_i}{h_i}) \tag{6.3}$$

mit

$$h_i = \frac{f_i + g_i}{2}$$

ist sowohl symmetrisch als auch robust gegenüber Störungen und kleinen Änderungen der Indexfenstergröße [84]. Des weiteren hat dieses Maß folgende Eigenschaften:

1. **Invarianz gegenüber Koordinatentransformationen**
   Wird eine Koordinatentransformation im Sinne einer eins-zu-eins Abbildung F und G nach $F' = \{f_j\}$ und $G' = \{g_j\}$ mit $j = j(i)$ durchgeführt, so gilt die Bedingung
   $$d_J(F,G) = d_J(F',G') \ .$$

2. **Metrische Eigenschaft**
   Für eine beliebige Verteilung F und G gilt
   $$d_J(F,G) = d_J(G,F) \geq 0 \ .$$
   Die Distanz ist nur im Falle der Identität $G = F$ der beiden Verteilungen gleich null.

3. **Monotoner Abfall bei abnehmender Anzahl der Dimension**
   Werden die Verteilungen $F = \{f_{rs}\}$ und $G = \{g_{rs}\}$ auf die marginalen Verteilungen $F^{\text{marg}} = \{f_r\}$ und $G^{\text{marg}} = \{g_r\}$ abgebildet, so gilt mit
   $$F^{\text{marg}} = \sum_{s=1}^{S} f_{rs} \quad \text{und} \quad G^{\text{marg}} = \sum_{s=1}^{S} g_{rs}$$
   $$d_J(F,G) \leq d_J(F^{\text{marg}}, G^{\text{marg}}).$$

Alle hier definierten Maße sind in ihren Anwendungsgebieten - z.B. Kullback Leibler Divergenz in der Informationstheorie - geeignete Distanzmaße. Jedoch

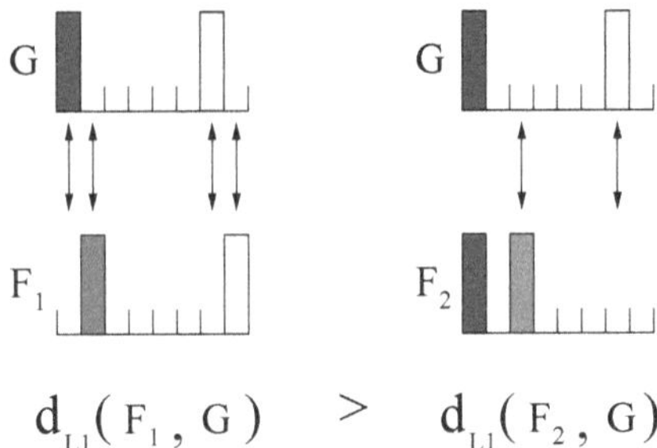

Abbildung 6.4: Beispiel für den Vergleich zwischen Modell G und zwei möglichen Bildhypothesen F_1 und F_2. Die Minkowski-Distanz der d_{L1} entspricht nicht der perzeptuellen Distanz aus Abbildung 6.1.

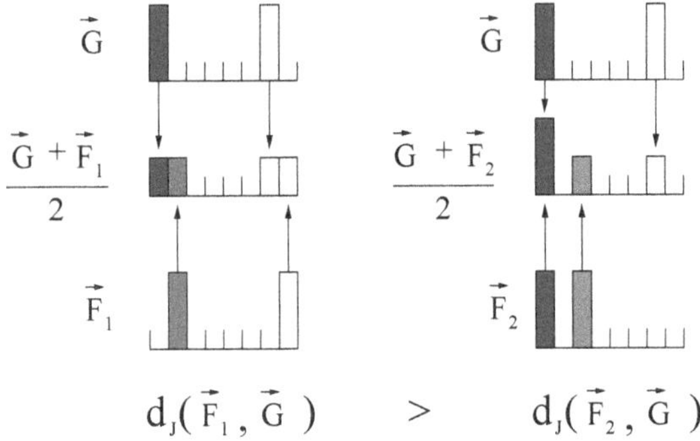

Abbildung 6.5: Distanzen der Jeffrey-Divergenz für zwei Vergleiche nach Gleichung 6.3 analog zu den Abbildungen 6.1 und 6.4.

um perzeptuelle Ähnlichkeiten zu messen, scheinen diese Maße aufgrund der Beschränkung auf indexidentische Vergleiche nur bedingt geeignet, denn die für eine perzeptuelle Ähnlichkeit entscheidende Fähigkeit, Werte der Verteilung verschiedener Indizes miteinander zu vergleichen, fehlt diesen Maßen. In Abbildung 6.4 ist für eine gegebene Verteilung G die Minkowski-Distanz d_{L1} für zwei verschiedene Bildausschnitte mit den Verteilungen F_1 und F_2 skizziert. Die durch die L_1-Distanz in Beziehung gesetzten Einträge sind in Abbildung 6.4 durch Pfeile gekennzeichnet. Ebenso, wie in Abbildung 6.5 skizziert, erfüllt die Jeffery-Divergenz die Forderung der perzeptuellen Distanz nicht. Die Sensitivität dieser Maße bezüglich der gewählten Größe des Indexfensters ist ein weiterer Nachteil. Wenige Merkmale führen zwar zu einer schnellen Verarbeitung, doch die Aussagekraft zur Unterscheidung einzelner Details sinkt. Ist dagegen die Größe des

Indexfensters zu klein gewählt, so werden ähnliche Merkmale mit großer Wahrscheinlichkeit in unterschiedliche Indizes zusammengefaßt und nicht miteinander verglichen. Ein indexübergreifender Vergleich, der Kreuzindexvergleich, liefert bei kleinen Indexfenstern bessere Ergebnisse.

6.2 Kreuzindexvergleiche

Kreuzindexvergleiche approximieren die perzeptuelle Ähnlichkeit besser als indexidentische Vergleiche bei kleinen Indexfenstern. Im folgenden werden die *Zuordnungsdistanz*, die *Kolmogrov-Smirnov Distanz* und die *Distanz quadratischer Form* genannt, von denen die ersten zwei lediglich für geordnete Verteilungen Sinn machen, da hierbei indexübergreifende Beziehungen durch das kumulative Histogramm realisiert werden. Die Distanz quadratischer Form hingegen ist auch bei Verteilungen ohne Totalordnung einsetzbar.

Zuordnungsdistanz

$$d_{MD}(F,G) = \sum_{i=1}^{Q} \mid \tilde{f}_i - \tilde{g}_i \mid$$

wird als Zuordnungsdistanz ([99] und [108]) bezeichnet, wobei $\tilde{f}_i = \sum_{j=1}^{i} f_j$ das kumulative Histogramm von F ist (gleiches gilt für G). Für eindimensionale Verteilungen entspricht dieses Maß der L_1 Distanz der kumulativen Histogramme. Dieses Maß ist nicht auf höher-dimensionale Verteilungen erweiterbar, da die Bedingung einer totalen Ordnung ($j \leq i$) lediglich im Eindimensionalen gegeben ist.

Kolmogrov-Smirnov Distanz

$$d_{KS}(F,G) = max_i(\mid \tilde{f}_i - \tilde{g}_i \mid)$$

Die Kolmogrov-Smirnov Distanz ist ein häufig eingesetztes statistisches Maß für beliebige Verteilungen, wobei hier $\tilde{f}_i$ ebenfalls das kumulative Histogramm von F ist (gleiches gilt für G). Wie die Zuordnungsdistanz ist sie nur für Verteilungen mit einer Ordnung definiert.

Distanz quadratischer Form

$$d_A(F,G) = \sqrt{(F-G)^T \mathbf{A}(F-G)} \tag{6.4}$$

Für die Distanz quadratischer Form werden aufgrund der Kreuzindexvergleiche zwei unterschiedliche Indizes für $G = \{g_i\}$ und $F = \{f_j\}$ mit

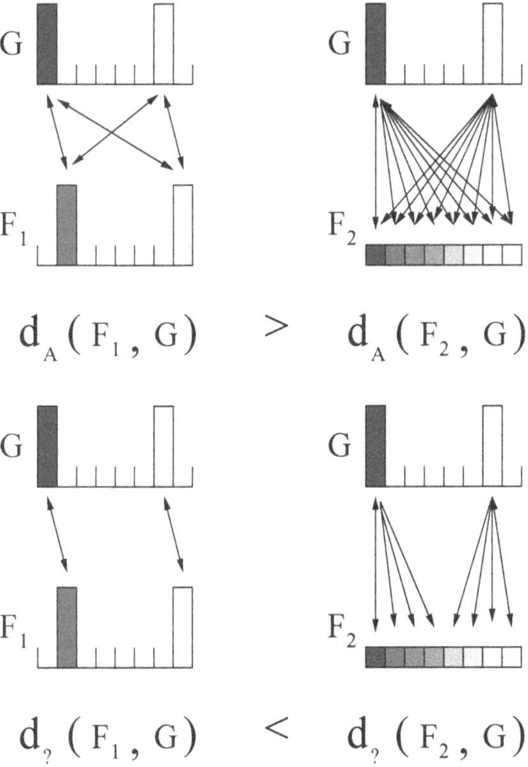

Abbildung 6.6: Beispiele für den Vergleich zwischen Modell G und zwei möglichen Bildhypothesen F_1 und F_2. Oben werden die Vergleiche der d_A (Distanz quadratischer Form) angegeben und unten werden die gewünschten perzeptuellen Distanzen $d_?$ skizziert.

$i = \{i \in \mathbb{N}^+ \mid 1 \leq i \leq Q\}$, $j = \{j \in \mathbb{N}^+ \mid 1 \leq j \leq Q\}$ und $Q \in \mathbb{N}^+$ vergeben. Dieses Maß ist für die Bildwiedererkennung in Datenbanken vorgeschlagen worden [75]. Hierbei werden die indexübergreifenden Maße in der Matrix $\mathbf{A} = [a_{ij}]$ kodiert. a_{ij} beschreibt die Kopplungsstärke der Indexähnlichkeiten des Eintrages g_i mit f_j. In [75] wird $a_{ij} = 1 - d_{ij}/d_{max}$ mit $d_{max} = \max_{ij}(d_{ij})$ vorgeschlagen. d_{ij} ist eine zu bestimmende Grunddistanz, die zum Beispiel der euklidische Abstand sein kann. Ein Eintrag der Modellverteilung kann mit verschiedenen Einträgen der Bildverteilung korrespondieren. In Abbildung 6.6 ist veranschaulicht, wie Korrespondenzen zwischen den Werten der Verteilungen hergstellt werden. Der Zusammenhang der durch die d_A gemachten Indexvergleiche und der durch die perzeptuelle Distanz geforderten Indexvergleiche ist skizziert. Hierbei ist als F_2 eine andere Verteilung als in den indexidentischen Vergleichen gewählt worden, um die zu erreichenden Fähigkeiten der perzeptuellen Distanz besser erläutern zu können. Die Korrespondenzen der d_A entsprechen, wie im oberen Teil der Abbildung 6.6 zu sehen ist, nicht der gewünschten perzeptuellen Distanz. Ebenfalls erweist sich die Parametrisierung der Matrix $\mathbf{A}$ als schwierig.

6.3 Experimente

Wie in den vorherigen Abschnitten schon angedeutet, genügen die vorgestellten Maße der Anforderung einer perzeptuellen Distanz nicht. In Abbildung 6.7 ist für

Abbildung 6.7. Objektverfolgung auf Basis der Jeffrey Divergenz. Bei zu starken Veränderungen der Verteilung ist keine korrekte Wiedererkennung möglich.

eine Bildsequenz das Ergebnis der Objektwiedererkennung auf Basis der Jeffrey Divergenz gezeigt. Der durch das weiße Rechteck markierte Bildauschnitt ist per Hand initial extrahiert worden. Für diesen ist die Modellverteilung G mit $\Delta c = 64$ also $C = 4$ Grauwerte berechnet worden. In den weiteren Bildern sind die ähnlichsten Bereiche zu verschiedenen Zeitpunkten einer Bildsequenz durch weiße Rechtecke kenntlich gemacht. Hierbei ist unter drei verschiedenen Skalierungen und Translationsraum die kürzeste Distanz d_J zwischen Modell G und einem Satz von Bildern F_s berechnet worden. Die Änderung des Objektes ist durch dieses Maß nur über einen kurzen Zeitraum kompensierbar. Ab dem vierten gezeigten Bild kann das Objekt „Fußgänger" nicht mehr wiedererkannt werden, da Änderungen in der Verteilung nicht geeignet erfaßt werden können.

6.4 Zusammenfassung

In diesem Kapitel sind verschiedene Vergleichsmaße für Verteilungen eingeführt worden. Indexidentische Vergleiche sind aufgrund ihrer strukturellen Limitierung nicht in der Lage, die perzeptuelle Distanz hinreichend gut zu approximieren. Untersuchungen der Kreuzindexvergleiche haben ergeben, daß der Vergleich verschiedener Indizes die Approximation begünstigt, jedoch fehlt die Voraussetzung eines partiellen Vergleichs der Merkmale. Das heißt, daß ein Eintrag g_i partiell mit einem Eintrag f_j in Beziehung gesetzt wird. Im nächsten Kapitel wird ein Distanzmaß vorgestellt, das durch die Formulierung als lineares Optimierungsproblem partielle Zuordnungen leisten kann, und so eine hinreichende Approximationgüte an die perzeptuelle Distanz erreicht.

Kapitel 7

Objektverfolgung auf Basis der Cooccurrence-Matrizen

Die Objektverfolgung ist der zeitliche Wiedererkennungsprozeß eines spezifischen Objektes, das in dieser Arbeit durch die Cooccurrence-Matrizen gemäß Abschnitt 3.7 modelliert wird. Es wird ein Modell eines Objektes $\mathbf{G}$ zum Zeitpunkt $t = 0$ aus einem Bild extrahiert. Anschließend wird unter Berücksichtigung aller zugelassenen Freiheitsgrade der Bewegung und Objektänderung ein Suchraum S aufgespannt, für den ein Satz von Objekthypothesen $\mathbf{F}_S$ zum Zeitpunkt $t \geq 1$ generiert wird. Zu jedem Zeitpunkt t wird die Hypothese extrahiert, die den geringsten gemessenen Abstand $d_{min} \in \mathbb{R}$ zum Modell aufweist. Sie gibt die beste Position- und Skalierungsschätzung des gesuchten Objektes für diesen Zeitpunkt an.

Wie in Kapitel 6 gefordert, soll das Distanzmaß die Wahrnehmung im Sinne der perzeptuellen Distanz $d_?$ unter Störungen hinreichend gut approximieren.

Viele Verfahren des Objektvergleichs in der Literatur liefern stabile Ergebnisse, falls der Suchraum durch Translation und Skalierung bestimmt wird. Erweitern weitere Freiheitsgrade wie Deformationen (Veränderung der Objektform und Struktur) und Rotationen den Suchraum, so werden zwei Vorgehensweisen zur Verfahrensanpassung in der Literatur vorgeschlagen. In beiden Methoden werden die weiteren Freiheitsgrade durch eine zeitliche Aktualisierung des Modells erfaßt. Entweder wird das Modell durch eine objektspezifische deterministische Funktion angepaßt oder aber aus gegebenen Daten eine Anpassungsfunktion erlernt. Beide Lösungen haben inhärente Probleme.

Das erste Methode geht davon aus, daß das Objekt in seiner Klasse bereits bekannt ist. Zum Beispiel werden für die Objektklasse der Fußgänger die Phasen der Arm- und Beinbewegung durch ein physikalisches Modell approximiert. Die hohe Anzahl an Parametern und die Kenntnis der Objektklasse spricht gegen diese Methode, da dann ein Objekt zuerst klassifiziert werden muß, um eine objektspezifische Modellaktualierungsfunktion zu applizieren. Eine allgemeine, das heißt für alle Objekte identische Modellaktualierungsfunktion wird äußerst komplex und aufgrund der hohen Anzahl der Parameter nicht handhabbar sein. Des weiteren ist die physikalische Modellbeschreibung eine unnötig komplexe Beschreibung, solange nicht die exakte Position der Arme bzw. Beine von Interesse ist. Für die meisten Objektklassen führt dieses Vorgehen zu keiner allgemeingültigen Lösung.

Zum anderen können die Veränderungen des spezifischen Objektes über die Zeit gelernt werden. Das Erlernen des Modells läßt zwar eine klassenunspezifische Anpassung zu, bringt aber die Problematik des Hintergrundlernens mit sich. Eine Trennung der über die Zeit verfolgten Merkmale nach Objekt- und Hintergrundzugehörigkeit ist nur schwer zu realisieren. Es besteht die Gefahr, mit der Zeit die Verteilung der Merkmale des Hintergrundes zu erlernen.

In dieser Arbeit wird eine dritte Lösung erarbeitet, bei der durch die geeignete Kombination aus Merkmalen und Distanzmessung eine Invarianz gegen Deformationen und Rotationen in bestimmten Grenzen durch eine lineare Optimierungsfunktion realisiert wird. Im folgenden wird die statistische Texturbeschreibung der Cooccurrence-Matrizen auf Signaturen als Merkmale erweitert.

7.1 Cooccurrence-Matrizen als Signaturen

Die von Haralick vorgeschlagenen Cooccurrence-Matrizen [33] sind, wie in Kapitel 3 gezeigt, Beschreibungsmaße für Texturen. Das in der Literatur zur Objekterkennung häufig vorgeschlagene Vorgehen ist die Charakterisierung einer Texturklasse durch die Berechnung verschiedener statistischer Maße aus den Cooccurrence-Matrizen gemäß Gleichungen 3.15 bis 3.25. Die Summationen zur Bestimmung der Merkmale F_1 bis F_{11} können dazu führen, daß verschiedene Cooccurrence-Matrizen identische oder ähnliche Merkmale F_1 bis F_{11} ergeben. Für einige Anwendungen, denen der Texturklassenbestimmung, ist eine solche Eigenschaft durchaus gewünscht, jedoch werden für die Positions- und Skalierungsbestimmung eines gegebenen Modells im Bild die Cooccurrence-Matrizen selbst verwendet.

Die Cooccurrence-Matrizen lassen sich, wie in Kapitel 3 eingeführt, errechnen: In einem Bildausschnitt $G(x,y)$ der Größe $M \times N$ ($N \in \mathbb{N}^+, M \in \mathbb{N}^+$) und einer maximalen Anzahl verschiedener Grauwerte $C \in \mathbb{N}^+$ werden die Elemente der Cooccurrence-Matrix P_{ab} mit $a = \{a \in \mathbb{N}^+ \mid 1 \leq a \leq C\}$ und $b = \{b \in \mathbb{N}^+ \mid 1 \leq b \leq C\}$ für eine vorgegebene Richtung $\alpha \in \mathbb{R}$ in einem vorgegebenen Abstand $\epsilon \in \mathbb{R}$ wie folgt bestimmt:

$$P_{ab}(\epsilon, \alpha) = \frac{1}{MN} \sum_{x=1,y=1}^{M,N} \delta(\,G(x,y)\,,\,a\,) \quad \delta(\,G(\,(x+\epsilon\cdot\cos\alpha),\,(y+\epsilon\cdot\sin\alpha)\,),\,b\,) \quad , \tag{7.1}$$

wobei $(\epsilon \cdot \cos\alpha)$ und $(\epsilon \cdot \sin\alpha)$ wieder auf die ganzen Zahlen $\mathbb{Z}$ abgebildet werden, da das Bild in einem diskreten Gitter vorliegt. δ ist die Kronecker-Delta-Funktion.

Ein Matrixelement repräsentiert die Häufigkeit des Auftretens der Pixelpaare $(x, y), (x', y')$ mit $x' = (x + \epsilon \cdot \cos\alpha)$ und $y' = (x + \epsilon \cdot \sin\alpha)$, die der Bedingung $G(x, y) = a$ und $G(x', y') = b$ genügen.

Das Distanzmaß, das in diesem Kapitel entwickelt wird, gehört zu der Klasse der Kreuzindexvergleiche. Wie noch gezeigt wird, erfordert dieses Maß eine Definition von „Transferkosten", um einen Eintrag der Verteilung (Cooccurrence-Matrix) an eine andere Position in der Verteilung zu transferieren. In diesem Zusammenhang wird für jedes Element einer Cooccurrence-Matrix eine Distanzfunktion definiert. Wegen der Erweiterung jedes Elementes der Cooccurrence-Matrix um diese Abstandmaße werden diese von nun an als Signaturen bezeichnet.

Für jeden Eintrag der Matrix müssen die Transferkosten zu allen Einträgen der Matrix definiert werden. Diese Transferkosten werden im folgenden als farbliche Distanz bezeichnet, um nicht mit den Metriken, die Distanzen zwischen Verteilungen messen, verwechselt zu werden. Es existieren für jeden Eintrag einer Cooccurrence-Matrix $P_{ab}(\epsilon, \alpha)$ farbliche Abstandsmasse zu allen anderen Einträgen, die die Distanz zwischen den Grauwertpaaren bewerten.

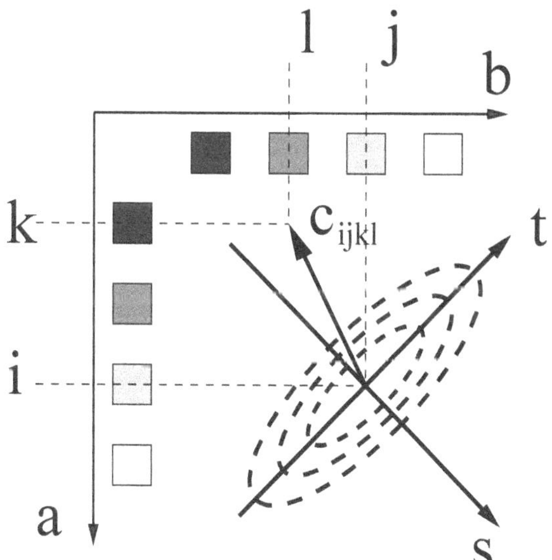

Abbildung 7.1: Tranferkosten c_{ijkl} um einen Eintrag an der Stelle (i, j) nach (k, l) zu bewegen. des (a,b)-Koordinatensystems der Cooccurrence-Matrix zur Definition einer farblichen Distanzfunktion für einen Eintrag der Matrix.

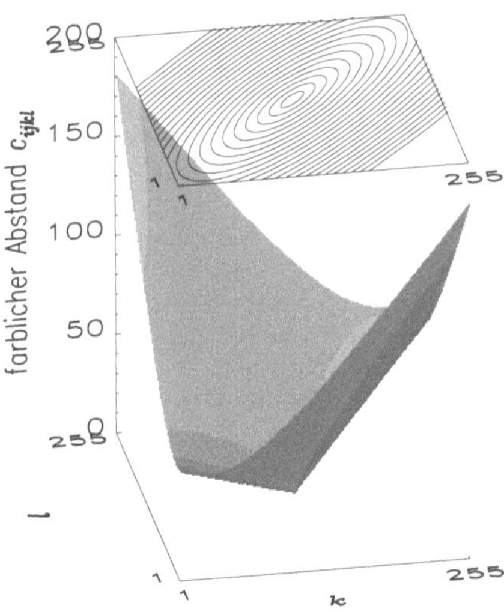

Abbildung 7.2: Farbliche Distanzfunktion für alle (k, l)-Koordinaten bei $i = \frac{C}{2} + 1$ und $j = \frac{C}{2} + 1$ mit $C = 255$.

Das farbliche Abstandsmaß ist aus den Wahrscheinlichkeiten einer Änderung eines Matrixeintrags abgeleitet. Die Wahrscheinlichkeit eines Pixelpaares $(G(x, y), G(x', y'))$ gleichzeitig heller oder dunkler zu werden, ist bei realen Szenen durch Beleuchtungsschwankungen und wegen der Beleuchtungssteuerung der Bildaufnehmer sehr wahrscheinlich. Eine Änderung nur eines Grauwertes des Paares ist weniger wahrscheinlich und eine Änderung der beiden Grauwerte in entgegengesetzte Richtungen ist höchst unwahrscheinlich. Dieser Sachverhalt muß sich in der Metrik, die farbliche Distanzen realisiert, widerspiegeln.

In Abbildung 7.1 ist der Zusammenhang einer Abstandsfunktion im (st)-Koordinatensystem und der zweidimensionalen Verteilung der Cooccurrence-Matrix im (a, b)-Koordinatensystem gezeigt, die die Wahrscheinlichkeiten der Grauwertpaaränderungen (z. B. von Position (i, j) nach (k, l)) in Form von Distanzen c_{ijkl} kodiert. Die Ellipsen geben Linien gleicher Distanz im (st)-Koordinatensystem an. Im st-Koordinatensystem repräsentiert eine Verschiebung der Verteilung entlang der s-Achse eine Veränderung aller Intensitätswerte eines Bildes um einen konstanten Betrag. Verschiebungen entlang der t-Achse entsprechen einer Veränderung beider Grauwerte, die z. B. durch Formveränderungen hervorgerufen werden. Hierbei skaliert die Stärke der Veränderung mit der

Verschiebung entlang der t-Achse. Das farbliche Abstandsmaß hat den in Abbildung 7.2 gezeigten Verlauf. Diese farbliche Distanzfunktion gibt für einen Eintrag der Cooccurrence-Matrix an, mit welchem Aufwand eine Verschiebung dieses Eintrags an eine andere Stelle in der Matrix verbunden ist. Die farbliche Distanzfunktion spiegelt die Wahrscheinlichkeiten der Verschiebungen wider, die, wie in Kapitel 6 Abbildung 6.3 erläutert, bei einer zeitlichen Verfolgung eines Objektes durchaus gegeben sind.

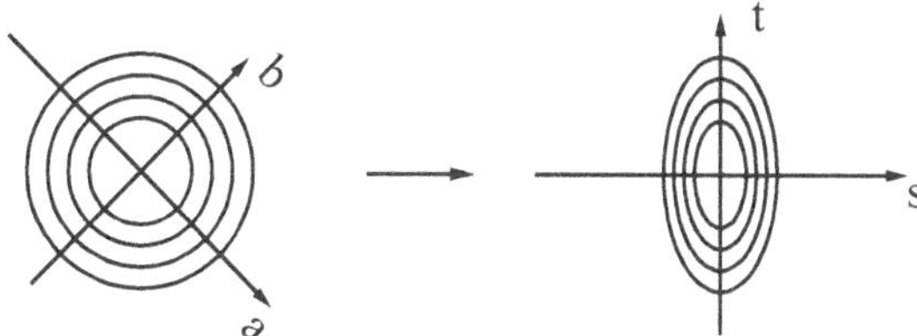

Abbildung 7.3: Für äquidistante Einträge (Kreise) (k, l) der Cooccurrence-Matrix (links) für einen Punkt (i, j) werden mit farblichen Distanzen c_{ijkl} auf den Ellipsen des (s, t)-Koordinatensystems versehen.

Eine Koordinatentransformation und eine Stauchung der s-Achse um den Wert $\gamma = \{\gamma \in \mathbb{R} \mid 0 \leq \gamma \leq 1\}$ gemäß Abbildung 7.3 führt zu folgender farblichen Distanz $c_{ijkl} \in \mathbb{R}$ zwischen einem Eintrag der Cooccurrence-Matrix an der Stelle (i, j) und einem Eintrag an der Stelle (k, l):

$$c_{ijkl} = \left| \frac{1}{\sqrt{2}} \begin{pmatrix} \gamma & \gamma \\ -1 & 1 \end{pmatrix} \begin{pmatrix} (k-i) \\ (l-j) \end{pmatrix} \right| \quad .$$

Ausformuliert ergibt sich die farbliche Distanz zu

$$c_{ijkl} = \sqrt{\frac{\gamma^2 + 1}{2}((k-i)^2 + (l-j)^2) + (\gamma^2 - 1)(k-i)(l-j)} \quad . \tag{7.2}$$

Die Stauchung der s-Achse bewirkt, daß die Verschiebungen der Verteilung in dieser Richtung zu geringeren farblichen Distanzen führen als die in der t-Achse. Denn eine Veränderung eines Grauwertpaars in dieselbe Richtung, also heller oder dunkler werdend, ist wahrscheinlicher als eine Änderung nur eines Grauwertes dieses Paares, und wird durch kleinere Distanzen bewertet. Sehr unwahrscheinlich ist hingegen eine Änderung zweier Grauwerte in jeweils die entgegengesetzte Richtung.

Die Definition der farblichen Abstände ist im Hinblick auf eine Distanzmessung zwischen Verteilungen zu betrachten. Abbildung 7.4 zeigt, wie der farbliche Abstand zwischen den Einträgen einer Modell- und einer Bildmerkmalmatrix zu

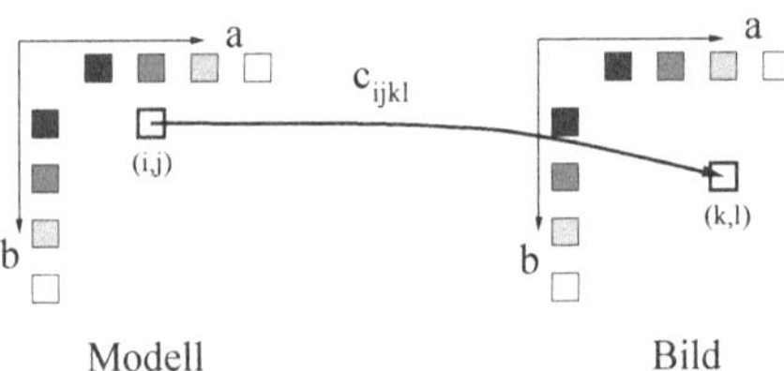

Abbildung 7.4: Veranschaulichung einer farblichen Distanz zwischen einem Eintrag (i,j) des Modells und einem Eintrag (k,l) des Bildes.

verstehen ist. Im nächsten Abschnitt wird ein Verfahren zur Distanzbestimmung von Verteilungen vorgestellt. Der Objekt-Modell-Vergleich wird als lineares Optimierungsproblem unter Randbedingungen formuliert, wobei Merkmalsignaturen der Cooccurrence-Matrix genutzt werden.

7.2 Monge-Kantorovich Distanz

Die in dieser Arbeit entwickelte Distanz wird als Monge-Kantorovich Distanz (MKD) bezeichnet. Sie wird durch die Optimierung des Monge-Kantorovich Funktionals unter Nebenbedingungen bestimmt. Dieses Maß hat gerade durch die Optimierung unter Nebenbedingungen eine höhere Approximationsgüte als alle anderen bisher genannten Verfahren in bezug auf die in Kapitel 6 definierte perzeptuelle Distanz zweier Verteilungen. Die zweidimensionalen Cooccurrence-Matrizen eines Modell- und eines Bildmerkmals werden als Signaturen miteinander verglichen.

Die Monge-Kantorovich Distanz wird durch die Lösung des Monge-Kantorovich Problems (MKP) bestimmt. Das MKP ist ein Optimierungsproblem, das in verschiedenen Bereichen der Mathematik diskutiert wird. Im Zusammenhang mit der Objekterkennung sind die Aspekte der linearen Programmierung [57] und der Wahrscheinlichkeitstheorie [114] von Interesse. In dieser Arbeit werden mit der hier entwickelten Monge-Kantorovich Distanz Verteilungen von Modell- und Bildmerkmalen verglichen, um eine Objektwiedererkennung zur Objektverfolgung zu realisieren.

Definition des Monge Optimierungsproblems

In 1781 formulierte Monge das folgende Problem bei der Untersuchung effizienter Transportmethoden von Erdreich (siehe Abbildung 7.5):

Teile zwei gleich große Volumina in unendlich viele kleine Teile und verbinde sie miteinander so, daß die Summe der Produkte aller Pfade und Teilchen für ein

Volumen minimal wird. Auf welchen Pfaden müssen diese Teilchen transportiert werden und wie hoch sind die geringsten Transportkosten? [85]

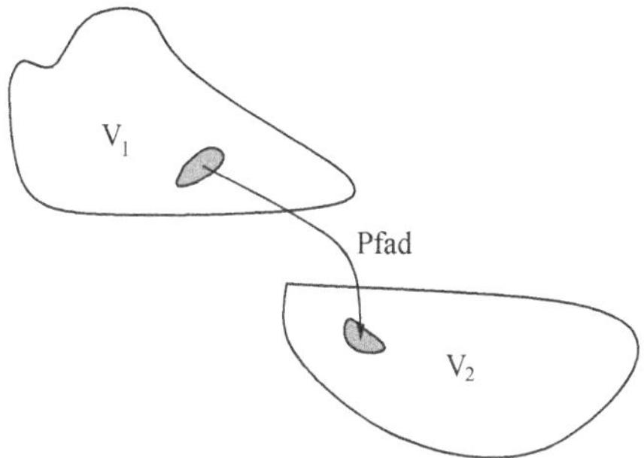

Abbildung 7.5: Veranschaulichung des Monge Optimierungsproblem: der Pfad und ein transportiertes Volumenelement von Volumen V_1 nach Volumen V_2.

Das Transportproblem kann auch auf den Transport von Waren übertragen werden [37], bei dem verschiedene Anbieter ihre Waren auf verschiedene Abnehmer mit geringsten Transportkosten verteilen sollen. Für ein gegebenes Volumen an Produkten, das von einer Anzahl Zulieferer bereitgestellt wird, soll ein optimaler Transportplan für verschiedene Abnehmer mit gleich großem Volumen an Bedarf gefunden werden.

Kantorovich hat die Problembeschreibung von Monge in sofern erweitert, daß kein eins-zu-eins Transportplan gefordert ist.

Definition des Kantorovich Funktionals

Die abstrakte Formulierung des Massen-Transfer-Problems (MTP) von Monge ist folgendermaßen gegeben:

P_1 und P_2 seien zwei Wahrscheinlichkeitsmaße (-verteilungen) auf einem separierbaren metrischen Raum (U) und $\mathcal{P}(P_1, P_2)$ ist der Raum aller metrischen Wahrscheinlichkeitsmaße P auf $U \times U$ mit festen Marginalen $P_1(.) = P(. \times U)$ und $P_2(.) = P(U \times .)$. Evaluiere das Funktional

$$\mathcal{A}(P_1, P_2) = \inf\{\int_{U \times U} c(x, y) P(dx, dy) : P \in \mathcal{P}(P_1, P_2)\} \quad . \tag{7.3}$$

wobei $c(x, y)$ eine kontinuierliche nicht-negative Funktion auf $(U \times U)$ ist [85].

Die Maße P_1 und P_2 können als initiale und finale Verteilungen einer Masse angesehen werden. $\mathcal{P}(P_1, P_2)$ ist hierbei der Raum aller erlaubten Tranportpläne. Wenn das Infimum in Gleichung 7.3 für ein gewisses $P^* = \mathcal{P}(P_1, P_2)$ erreicht wird, dann ist P^* der optimale Massentransportplan. Die Funktion $c(x, y)$ kann als Transportkostenfunktion angesehen werden, die den Aufwand beschreibt, um eine Masse von x nach y zu bewegen. Für eine konkrete Anwendung sind weiterhin die Kapazitäten, also die Aufnahme- und Abgabemengen der Zulieferer und Abnehmer, als Nebenbedingungen des Optimierungsproblems zu formulieren.

Das Problem des Vergleichs von Verteilungen unter Störungen läßt sich in das MTP übersetzen. Für die Anwendung zur Wiedererkennung von Objekten werden die Cooccurrrence-Matrizen $\mathbf{G} = \{g_{ij}\}$ des Modells und $\mathbf{F} = \{f_{kl}\}$ des Bildes miteinander verglichen. g_{ij} und f_{kl} werden als Massen im Sinne der Gleichung 7.3 betrachtet und sind durch die Auftrittswahrscheinlichkeiten $g_{ij}(\epsilon, \alpha)$ und $f_{kl}(\epsilon, \alpha)$ nach Gleichung 7.1 gegeben. Der Raum aller möglichen Transportwege ist im $\mathbb{R}^4$ durch die Distanzen der Signaturen c_{ijkl} aus Gleichung 7.2 gegeben, die $c(x, y)$ in Gleichung 7.3 entspricht. Es gilt, $C \in \mathbb{N}$, $i = \{i \in \mathbb{N} \mid 1 \leq i \leq C\}$, $j = \{j \in \mathbb{N} \mid 1 \leq j \leq C\}$, $k = \{k \in \mathbb{N} \mid 1 \leq k \leq C\}$ und $l = \{l \in \mathbb{N} \mid 1 \leq l \leq C\}$. Es ist die Frage zu beantworten: „Wie lautet der optimale Transportplan, wenn die Verteilung **G** der Massenverteilung des Zulieferers entspricht und diese Masse auf die Bedarfsverteilung **F**, der Abnehmer, optimal transferiert werden soll?".

Der optimale Transportplan $P^* = \mathcal{P}(P_1, P_2)$ nach Gleichung 7.3 ist hierbei durch $\mathbf{T} = \mathcal{T}(\mathbf{F}, \mathbf{G})$ gegeben.

Definition der Monge-Kantorovich Distanz $\mathbf{d}_{\mathbf{MKP}}$

Die Distanz d_{MKP} zwischen den Verteilungen **G** und **F** ergibt sich dann zu

$$d_{MKP} = \min_{T} \sum_{i=1}^{C} \sum_{j=1}^{C} \sum_{k=1}^{C} \sum_{l=1}^{C} c_{ijkl} t_{ijkl} \quad . \tag{7.4}$$

d_{MKP} ist durch die Wahl des optimalen Flußplans $\mathbf{T} = \{t_{ijkl}\}$ gegeben. t_{ijkl} gibt den Teil eines Eintrages der Cooccurrence-Matrizen (Modell) an der Stelle (i, j) an, der an den Ort (k, l) der Cooccurrence-Matrix transportiert wird. Der Transport ist mit einem „Aufwand" (Pfad) der Höhe c_{ijkl} verbunden. Der Gesamtaufwand für diesen Teiltransport ergibt sich dann als das Produkt aus Massenanteil und zurückgelegtem Weg gemäß $c_{ijkl} t_{ijkl}$.

Ein Eintrag der Modellverteilung wird unter Umständen auf verschiedene Einträge unter Berechnung von Kosten transportiert. Diese Tatsache entspricht der in Kapitel 6 geforderten Fähigkeit eines perzeptuellen Distanzmaßes.

Die Gleichung 7.4 wird unter Nebenbedingungen, die durch die Problemstellung definiert werden, optimiert:

$$
\begin{aligned}
t_{ijkl} &\geq 0 \quad , & (7.5)\\
\sum_{k=1}^{C}\sum_{l=1}^{C} t_{ijkl} &\leq g_{ij} \quad , & (7.6)\\
\sum_{i=1}^{C}\sum_{j=1}^{C} t_{ijkl} &\leq f_{kl} \quad \text{und} & (7.7)\\
\sum_{i=1}^{C}\sum_{j=1}^{C}\sum_{k=1}^{C}\sum_{l=1}^{C} t_{ijkl} &= 1 \quad . & (7.8)
\end{aligned}
$$

Die erste Nebenbedingung beschränkt den Fluß der Massen auf die Richtung von Modell zum Bild. Das Modell wird auf das Bild abgebildet. Dieses ist für die Eindeutigkeit notwendig. Die Nebenbedingungen in Gleichung 7.7 und 7.8 begrenzen den Massenfluß auf die maximal zur Verfügung stehenden bzw. aufzunehmenden Einträge der Cooccurrence-Matrizen für jeden Eintrag g_{ij} und f_{kl}. Die vierte Nebenbedingung 7.8 gibt an, daß die Summe aller Massen bewegt werden muß, die gleich der Summe aller Einträge der Cooccurrence-Matrix ist. Dies wird der *totale Fluß* genannt.

Um nun einen Vergleich von Teilen der Cooccurrence-Matrix (z. B. die Verteilung entlang der Hauptdiagonalen siehe Abbildung 7.8) mit der d_{MKP} realisieren zu können, wird für den daraus folgenden Tatbestand $\sum_{i=1}^{C}\sum_{j=1}^{C} g_{ij} \neq \sum_{k=1}^{C}\sum_{l=1}^{C} f_{kl}$ lediglich das Minimum der Aufnahme- bzw. Abgabekapazität bewegt. Gleichung 7.8 wird wie folgt umformuliert:

$$
\sum_{i=1}^{C}\sum_{j=1}^{C}\sum_{k=1}^{C}\sum_{l=1}^{C} t_{ijkl} = \min\left(\sum_{i=1}^{C}\sum_{j=1}^{C} g_{ij}, \sum_{k=1}^{C}\sum_{l=1}^{C} f_{kl}\right) \quad .
$$

In diesem Fall sollte, wie in [93] vorgeschlagen, eine Normierung der d_{MKP} gemäß

$$
d_{MKP} = \frac{\sum_{i=1}^{C}\sum_{j=1}^{C}\sum_{k=1}^{C}\sum_{l=1}^{C} c_{ijkl} t_{ijkl}^{opt}}{\sum_{i=1}^{C}\sum_{j=1}^{C}\sum_{k=1}^{C}\sum_{l=1}^{C} t_{ijkl}^{opt}} \tag{7.9}
$$

durchgeführt werden, um Signaturen mit kleineren Gesamtsummen aller Einträge nicht zu bevorteilen. t_{ijkl}^{opt} entspricht dem Fluß nach Erreichen des Minimums aus Gleichung 7.4.

Die Distanz d_{MKP} erweitert den Begriff des Vergleichs einzelner Elemente auf das Produkt von Massen und Transferkosten zwischen Verteilungen von Elementen. Das heißt, daß sowohl ein Zulieferer mehrere Abnehmer bedienen kann, als auch ein Abnehmer Massen verschiedener Zulieferer bekommen kann. Sobald Massen gesplittet und über eine größerer Distanz transportiert werden, ergibt sich ein erhöhter Fluß. Wie in Abbildung 7.6 veranschaulicht, ist durch die

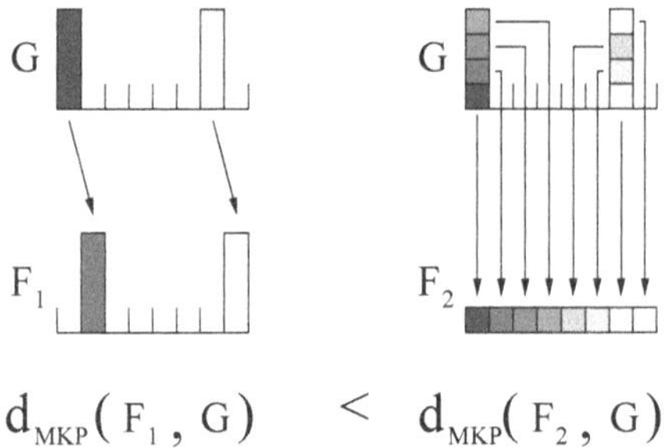

Abbildung 7.6: Beispiele für den Vergleich zwischen Modell G und zwei möglichen Bildhypothesen F_1 und F_2. Das gewünschte Verhalten einer Approximation der perzeptuellen Distanz $d_?$ nach Abbildung 6.1 ist durch die Monge-Kantorovich Distanz gegeben: $d_{MKP}(F_1, G) < d_{MKP}(F_2, G)$.

Monge-Kantorovich Distanz der geforderte perzeptuelle Zusammenhang aus Abbildung 6.1 gegeben.

Im Vergleich zur Distanz quadratischer Form wird bei der Monge-Kantorovich Distanz die Kopplungsmatrix **A** aus Gleichung 6.4 durch die farbliche Distanz c_{ijkl} auf der Cooccurrence-Matrix, die die zu erwartende Grauwertdynamik des Bildes in geometrische Abstände kodiert, definiert. Im Unterschied zur Distanz quadratischer Form können Anteile jeden Eintrages der Cooccurrence-Matrix bewegt werden. Diese Größe ergibt sich durch die Lösung einer linearen Optimierungsaufgabe unter Nebenbedingungen. Die Lösung stellt eine Approximation an die perzeptuelle Distanz dar. In Abbildung 7.7 ist für eine eindimensionale Verteilung die anteilige Verschiebung einzelner Elemente der Verteilung auf Basis des Monge-Kantorovich Funktionals gezeigt. Der minimale Fluß ergibt sich aus der Summe dreier „Massenbewegungen“. Es lassen sich somit auch Teilvergleiche bei Objektverdeckungen effizient bewerten.

7.3 Experimente

Das in diesem Kapitel erarbeitete Verfahren der Monge-Kantorovich Distanz als Kombination der Cooccurrence-Matrizen als Signaturen mit der Lösung des Massen-Transfer-Problems, leistet eine robuste Verfolgung veränderlicher Objekte. Eine effiziente Berechnung der d_{MKP} erfordert eine schnelle Lösung des linearen Optimierungsproblems nach Gleichung 7.4 unter Nebenbedingungen nach Gleichungen 7.6 bis 7.8.

Für diese Art der linearen Optimierung (auch als lineare Programmierung bezeichnet) sind in der Literatur verschiedene Verfahren angegeben. In dieser

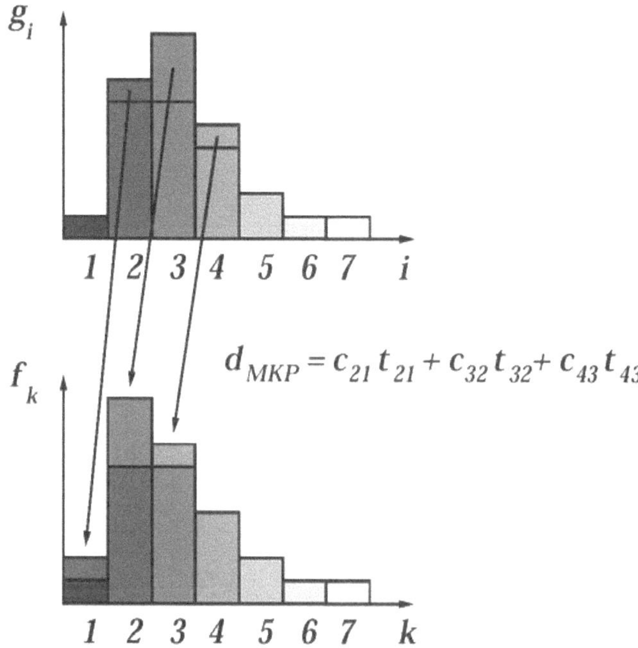

Abbildung 7.7: Beispiele für den Vergleich zwischen Modellverteilung g_i als Grauwerthistogramm und einer möglichen Bildhypothese f_k. Die d_{MKP} ergibt sich durch das Produkt aus bewegtem Anteil und zurückgelegtem Weg für jedes Paar (i, k).

Arbeit wird die schnelle Simplex-Methode [83] genutzt. Die Berechnung der Cooccurrence-Matrizen erfolgt nach dem in [1] vorgeschlagenen Algorithmus.

In Abbildung 7.8 sind die Cooccurrence-Matrizen mit verschiedenen Parametern ϵ und α für einen Fußgänger gezeigt. Man sieht, daß, wenn die Distanz ϵ klein ist, sich der Hauptanteil der Verteilung bei großflächigen Objekten entlang der Diagonalen der Matrix befindet. Das ist sowohl für eine grobe als auch eine feine Grauwertquantisierung gegeben. Die Matrix kann für die Objektcharakterisierung auf die eindimensionale Verteilung der Diagonalen reduziert werden, was zu einem Gewinn an Rechenzeit führt und zu Lasten der Schätzgenauigkeit des Verfahrens geht. Um eine aussagekräftigere objektrepräsentative Verteilung zu erhalten, ist ϵ größer zu wählen. Hier erkennt man die in Kapitel 3 genannte Skalierungsabhängigkeit der Texturmaße.

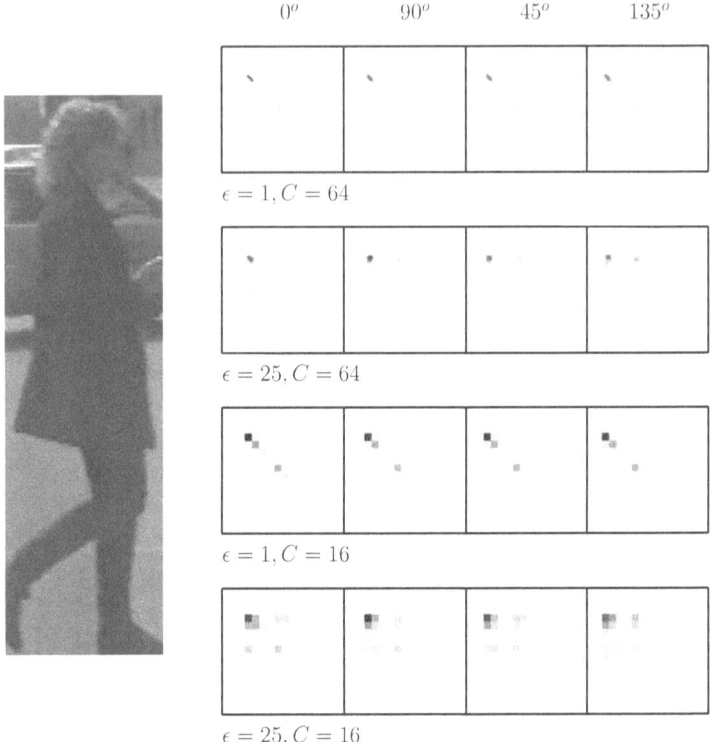

Abbildung 7.8: Das Grauwertbild (Objekt) und die Cooccurrence-Matrizen mit $(\epsilon, C) = \{(1, 64), (25, 64), (1, 16), (25, 16)\}$ von oben nach unten. Schwarze Einträge entsprechen hohen Werten der Matrix. Die Matrizen sind für die Winkel $\alpha = \{0^o, 90^o, 45^o, 135^o\}$ von links nach rechts aufgetragen.

Für alle Distanzmessungen sind vier Cooccurrence-Matrizen erstellt worden. Eine Distanzbestimmung jeder Matrix leistet eine zu dem Winkel α orthogonale Translationsschätzung der Verteilung im Bild. In Abbildung 7.9 sind Ergebnisse einer Objektverfolgung dargestellt.

Die weißen Rahmen zeigen die Bildausschnitte mit den kleinsten Distanzen d_{MKP} zur Modellsignatur über die Zeit. Die Raute entspricht dem verfolgten Mittelpunkt des Rechtecks. In diesem Beispiel ist durch die Art der Beschreibung des Objektes durch einen rechteckigen Bildausschnitt der Einfluß des Hintergrundes relativ groß. Wie zu sehen ist, kann eine stabile Wiedererkennung auch unter starken Veränderungen des Hintergrundes realisiert werden.

Abbildung 7.9: Verfolgung eines Fußgängers in Nahfeld an einer Ampel.(Von links nach rechts.)

7.4 Zusammenfassung

In diesem Kapitel ist ein Distanzmaß zur Verfolgung veränderlicher Objekte entwickelt worden. Die Monge-Kantorovich Distanz leistet eine im Vergleich zu den in Kapitel 6 vorgestellten Distanzmaße eine bessere Approximation der geforderten perzeptuellen Distanz. Zum einen liegt der Grund in der spezifischeren Beschreibung der Modell- und Bildmerkmalverteilungen in Form der Cooccurrence-Matrizen. Es werden Signaturen als Merkmalverteilungen genutzt, die eine Änderungswahrscheinlichkeit eines Grauwertpaares in einen farblichen Abstand kodieren. Bis auf die Parameter der Cooccurrence-Matrix ϵ und α und der Größe der Indexfenster Δc zur Grauwertreduktion ist das Verfahren parameterfrei. Zum anderen sorgt die Lösung des Vergleichs der beiden Verteilungen als Optimierungsproblem für eine gute Approximation der perzeptuellen Distanz und erweist sich für die Anwendung als hinreichend gut. Das Verfahren realisiert eine Objektverfolgung, so daß aus der berechneten Objekttrajektorie sowohl die aktuelle *time-to-collision* berechnet werden kann, als auch zur Erhöhung der Schätzgüte eine Prädiktion des Suchraums erfolgen kann.

Kapitel 8

Anwendungen

In den letzten Jahren sind seitens der Automobilindustrie große Entwicklungsfortschritte auf dem Gebiet der Nutzung von Bildverarbeitungstechnologien in Fahrerassistenzsystemen gemacht worden. Diese Bemühungen sind von staatlicher Seite partiell gefördert worden. Stellvertretend seien hier Programme in den USA und Japan im Rahmen des *ITS* (Intelligent Transportation Systems), das *PROMETHEUS* Projekt (Programme for a European Traffic with Highest Efficiency and Unprecedented Safety) [10, 11, 40, 41] und das *MoTiV* (Mobilität und Transport im intermodalen Verkehr) Förderprogramm genannt. Des weiteren sind in Teilprojekten des *Elektronischen Auges* Weiterentwicklungen auf diesem Gebiet geleistet worden.

Wie in Kapitel 2 beschrieben existieren Überlegungen, den Bereich der Sicherheitserhöhung des Fahrers und seiner Insassen durch bildgestützte Fahrerassistenzsysteme auf den aktiven Schutz der „externen" ungeschützten Verkehrsteilnehmer zu erweitern. Insbesondere eine Sicherheitserhöhung der Fußgänger und Zweiradfahrer ist von großem Interesse. Sowohl die Automobilindustrie als auch staatliche Förderprogramme richten ihre Zielsetzung auf diesen Bereich aus. Zum Beispiel ist im aktuellen BMBF-Projektnetzwerk „Die sichere Straße" mit dem Teilprojekt „Videobasiertes Assistenzsystem zur Erhöhung der Sicherheit ungeschützter Verkehrsteilnehmer" (VESUV) das große Interesse an dieser Entwicklung zu belegen. Hierbei ist das primäre Ziel nicht die Erhöhung des Fahrkomforts, sondern die Sicherheitserhöhung aller Verkehrteilnehmer durch Nutzung der im Fahrzeug befindlichen Technologien.

Im Hinblick auf Fußgänger und Zweiradfahrer ist der Einsatz von Radar, Lidar und Infrarotkameras im Bereich der Fahrerassistenzsysteme schwierig. Eine Detektion von Hindernissen im Fahrraum bei kleiner Objektausdehnung scheint durch einen hochauflösenden Sensor, wie der Videokamera, sinnvoll. Ein „Spin-Off" bisheriger Entwicklungen ist der „intelligente Tempomat", der unter Einhaltung des Sicherheitsabstandes eine gewünschte Sollgeschwindigkeit einstellt [104] und gleichzeitig für eine laterale Spurhaltung sorgt (z. B. [26]). Diese Anwendung ist auf Objekte wie Pkw und Lkw limitiert. Die Entwicklung aktueller

Fahrerassistenzfunktionalitäten konzentriert sich auf Spurwechsel-, Einfädel- und Einparkunterstützungen.

Diese Arbeit ordnet sich im Rahmen der Fahrerassistenzsysteme der Objekterkennung ein. Hierbei ist keine besondere Position und Ausrichtung der Kamera im Fahrzeug gefordert. Aufgrund der Zielrichtung der aktuellen Entwicklung von Assistenzfunktionalitäten sind sowohl Bildsequenzen einer im Fahrzeug in Höhe des Rückspiegels, als auch einer am linken Außenspiegel angebrachten Kamera bearbeitet worden. Die Verfahren beschränken sich auf rein bildbasierte Eingangsinformationen, um so eine möglichst große Unabhängigkeit von Fahrzeug- und Kameratyp zu gewährleisten. Es werden weder interne oder externe Kameraparameter noch der Fahrzeugzustand, also Lenkwinkel, Geschwindigkeit, etc. genutzt. Dies stellt eine allgemeine Einsetzbarkeit des Objekterkennungssystems sicher.

Die Objekterkennung ist ein dynamischer Prozeß. In natürlicher Umwelt kann eine Objekterkennung nur auf Basis einer Kombination verschiedener Objektmerkmale und sich ergänzender Verfahren geleistet werden, da durch die sich ständig ändernden Randbedingungen der Umwelt eine große Flexibilität und Robustheit verlangt wird.

Ergänzend zu anderen in diesem Bereich entwickelten Verfahren wird hier das Hauptaugenmerk auf die Erkennung von Zweiradfahrern und Fußgängern gelegt. Somit sind für diese Applikation der Verkehrsszenenanalyse verschiedene Fahrumgebungen zu beherrschen. Auf der Autobahn ist in den meisten Szenarien mit einer einfach strukturierten Umgebung zu rechnen. Insbesondere werden die Fahrbahnbegrenzungen gut sichtbar sein und die Textur des Hintergrundes sich eindeutig von denen der Fahrzeuge abheben. Zusätzlich ist nicht mit der Objektklasse der Fußgänger zu rechnen.

In urbanen Umgebungen und auf Landstraßen ist die Struktur der Szenarien weitaus komplexer. Der Fahrraum kann komplexere Formen annehmen und alle Verkehrsteilnehmer sind am Verkehrsgeschehen beteiligt. So gehören Szenen an Ampeln und auf Parkplätzen zur komplexeren Szenenklasse. Auch der Bildhintergrund in der Innenstadt ist weitaus höher strukturiert als der extra-urbaner Szenen, so daß eine Detektion von Objekten sich durch Strukturähnlichkeiten mit dem Hintergrund weitaus schwieriger gestaltet.

Unter Berücksichtigung der Komplexitätsgrade der verschiedenen Szenenarien ist am Ende dieses Kapitel eine dynamische Architektur zur Objekterkennung entwickelt worden. Hierbei werden verschiedene Perzepte (Merkmale) und Verfahren unterschiedlicher Abstraktionsniveaus miteinander gewinnbringend gekoppelt. Zusätzlich wird eine Abschätzung des (freien) Fahrraums geleistet, die für eine sichere Fahrtplanung besonders in Gefahrensituationen entscheidend sein kann.

Als nächstes werden die verschiedenen Anwendungen der lokalen Bildentropie nach Kapitel 4 aufgezeigt. Die Detektion des abstrakten Merkmals der Symmetrie aus Kapitel 5 erhöht die Detektionleistung des Gesamtsystems. Die stabile

Verfolgung nicht-rigider Objekte nach Kapitel 7 sorgt für die Anpassung an die Bewegungsdynamiken der Objekte über die Zeit. Diese Information dynamisiert die gewählte Architektur.

8.1 Schätzung der Fahrraumgrenzen

Die Einkopplung von Modellwissen über die Umwelt (Kontextwissen) erfolgt über eine Schätzung des Fahrspurverlaufs, mit Hilfe derer der Suchraum beschränkt wird. In diesem Abschnitt wird ein Verfahren erarbeitet, das in der Lage ist, den validen Fahrraum auf Basis einer Straßenverlaufsschätzung zu generieren. Zusätzlich liefert die Detektion der eigenen Fahrspurabmessung eine Regelgröße für die Querregelung des eigenen Fahrzeugs [77] oder zum Aufbau eines Warnsystems, das das Verlassen der eigenen Fahrspur signalisiert [61].

8.1.1 Fahrspurschätzung und Bestimmung der Lage des Fluchtpunktes

Durch Nutzung eines Fahrspurmodells können Randbedingungen für zu generierende Objekthypothesen angegeben werden. Ziel ist es, die Detektion der Objektaufpunkte auf der Fahrbahn zu begünstigen. Diese Applikation nutzt die Begrenzungsstreifen und Leitplanken, um einen Fluchtpunkt und darüber die Fahrspurgrenzen als Polynom zweiter Ordnung zu schätzen und über die Zeit zu stabilisieren. Hierzu ist eine stabile Fluchtpunktschätzung notwendig.

Eine Schätzung des Fluchtpunktes kann auf unterschiedliche Weise durchgeführt werden. Es kann z.B., wie in [9], die Statistik des optischen Flusses ausgenutzt werden. Bei bewegtem Beobachter kommt das Problem der Eigenbewegungsschätzung erschwerend hinzu, so daß von einer Ausnutzung des Flußfeldes hier abgesehen wird. Insbesondere in Autobahnszenen stellen Fahrbahnbegrenzungslinien und Leitplanken ein passendes Modell zur Bestimmung der Fahrbahngeometrie und des Fluchtpunktes dar. Über Approximationen von Polygonzügen an Konturpixel (Liniensegmente) wird das Objekt *Straße* modelliert. Gemeinsame Schnittpunkte geeigneter Liniensegemente approximieren den Fluchtpunkt. Als erstes werden die Polygonzugapproximationen auf Basis einer Hardware ([22]) bestimmt. Eine Selektion und Verkettung der Liniensegmente führt dann zu einem Straßenmodell, das einer Fluchtpunktschätzung dient, die über die Zeit stabilisiert wird.

Selektion der Liniensegmente

Zur Bestimmung der Fahrbahngeometrie wird aus der Vielzahl der Liniensegmente anhand fahrbahntypischer Merkmale (Fahrbahnmodell) eine Auswahl getroffen. Kriterien wie die Linienlänge l und -position (x_M, y_M, α) im Bild charakterisieren das Straßenmodell. Es werden Linien mit der Länge $l < \tau_l$ mit $\tau_l \in \mathbb{R}$ aus dem

Datensatz entfernt. Hauptsächlich werden damit Rauschanteile unterdrückt. Als weiteres werden Linien, deren Anfangs- bzw. Endpunkt (y_a und y_e) oberhalb des stabilisierten Fluchtpunktes y_{foe} liegen, ausgeschlossen. Die Orientierung der Linie stellt ebenfalls ein Auswahlkriterium dar. In Abhängigkeit von der Position des Linienmittelpunktes $(x_M, y_M)_l$ im Bild, wird nur ein begrenzter Winkeltoleranzbereich $\alpha_l(x,y)_l \pm \delta_\alpha(x,y)_l$ zugelassen, der dem angenommenen Straßenmodell entspricht. Vor der Schätzung des Fluchtpunktes werden als letztes parallel verlaufende und unterbrochene Liniensegmente verkettet. Hierbei müssen mehrere Eigenschaften der zu verkettenden Linien übereinstimmen. Nachfolgend sind die notwendigen Bedingungen aufgeführt:

- Jedes Segment wird nur mit kürzeren oder Linien gleicher Länge verkettet: $l_1 \geq l_2$.
- Die zu verkettenden Segmente müssen gleich orientiert sein: $|\alpha_1 - \alpha_2| < \tau_\alpha$, $\tau_\alpha \in \mathbb{R}$.
- Der Abstand der Linien muß kleiner als ein Abstand $\tau_{Abstand} \in \mathbb{R}$ sein. Dieser wird durch den Abstand der Linienmittelpunkte bestimmt.

Erfüllen mehrere Liniensegmente die Bedingungen zur Verkettung, so wird das Liniensegment ausgewählt, das den geringsten Abstand zu dem zu verkettenden Segment aufweist. Die so erzeugte Repräsentation der Fahrbahngeometrie wird zur Fluchtpunktschätzung genutzt.

Fluchtpunktschätzung

Basierend auf den vorverarbeiteten Liniensegmenten läßt sich für jedes Bild ein Fluchtpunkt $(\hat{x}, \hat{y})_{foe} = \vec{f}(t)$ zum Zeitpunkt t schätzen. Hierzu wird die Menge der Liniensegmente in zwei Gruppen von Kandidaten des Straßenmodells aufgeteilt. Teilungskriterium ist hierbei der stabilisierte Fluchtpunkt $(x_{foe}, y_{foe}) = \vec{f}^s(t-1)$ aus vorherigen Schätzungen. Alle Liniensegmente, für die $\hat{x}_{foe} < x_{foe}$ mit positiver Steigung gilt, werden der ersten Gruppe zugeordnet, die den linken Fahrbahnrand modellieren. Alle Linien, für die $\hat{x}_{foe} > x_{foe}$ gilt und negative Steigung haben, bilden die zweite Gruppe, die den rechten Fahrbahnrand modellieren. Aus diesen beiden Linienmengen werden die Schnittpunkte aller Kombinationen errechnet. Für jeden Schnittpunkt wird in eine Wahrscheinlichkeitskarte eine zweidimensionale Gaußverteilung eingetragen, die zur Schätzung des Fluchtpunktes über eine Schwerpunktanalyse aller Überlagerungen dient. Die Varianz und Amplitude der Gaußerregungen werden in Abhängigkeit der Schnittpunktgüte, die sich aus Attributen der sich schneidenden Liniensegmente ergibt, bestimmt. Attribute sind in diesem Fall die Länge und die Lage der Liniensegmente im Bild.

Stabilisierung der Fluchtpunktschätzung über die Zeit

Um die linienbasierte Schätzung zu stabilisieren, werden die letzten n geschätzten Fluchtpunkte mit exponentiell fallenden Gewichtungsfaktoren für die Berechnung des stabilisierten Fluchtpunktes $\vec{f^s}(t)$ berücksichtigt:

$$\vec{f^s}(t) = \begin{pmatrix} f_x(t) \\ f_y(t) \end{pmatrix} = \frac{\vec{f}(t) + \lambda \vec{f}(t-1) + \cdots + \lambda^n \vec{f}(t-n)}{1 + \lambda + \lambda^2 + \cdots + \lambda^n}, \quad \lambda \in \mathbb{R}^+.$$

Berücksichtigt man die Struktur der Formel, so läßt sich unter Verwendung von $\vec{f^s}(t-1)$, $\vec{f}(t)$ und $\vec{f}(t-n-1)$ der stabilisierte Fluchtpunkt auf einfache Weise berechnen. Die Anzahl der erforderlichen Rechenoperationen wird dadurch unabhängig von der Zahl der zu berücksichtigenden linienbasierten Schätzungen. Mit

$$\vec{f^s}(t-1) = \frac{\vec{f}(t-1) + \lambda \vec{f}(t-2) + \cdots + \lambda^n \vec{f}(t-n-1)}{1 + \lambda + \lambda^2 + \cdots + \lambda^n}$$

ergibt sich für $\vec{f^s}(t)$

$$\vec{f^s}(t) = \lambda \vec{f^s}(t-1) + \frac{\vec{f}(t) - \lambda^{n+1} \vec{f}(t-n-1)}{1 + \lambda + \lambda^2 + \cdots + \lambda^n} \quad .$$

Unter Verwendung der beiden Faktoren

$$\begin{aligned} k_1 &= \frac{1}{1 + \lambda + \lambda^2 + \cdots + \lambda^n} = \frac{1-\lambda}{1-\lambda^{n+1}} \\ k_2 &= \lambda^{n+1} k_1 \end{aligned}$$

läßt sich der stabilisierte Fluchtpunkt wie folgt berechnen:

$$\vec{f^s}(t) = \lambda \vec{f^s}(t-1) + k_1 \vec{f}(t) - k_2 \vec{f}(t-n-1) \quad . \tag{8.1}$$

Ein Gütemaß der Fluchtpunktschätzung

Da der Fluchtpunkt eine wichtige Rolle bei der Selektion der Liniensegmente spielt, ist es notwendig, ein Maß für die Qualität seiner Schätzung anzugeben. Als Gütekriterium wird die zeitliche Konstanz der linienbasiert ermittelten Fluchtpunkte verwendet. Diese wird durch die quadratischen Abweichungen zu den stabilisierten Fluchtpunkten ausgedrückt. Die Abweichungen werden dabei sowohl in der x- als auch in der y-Koordinate berechnet und wie bei der Berechnung des stabilisierten Fluchtpunktes mit exponentiell fallenden Gewichtungsfaktoren zeitlich gewichtet. Für das Gütemaß ergibt sich

$$\vec{q}_f(t) = k_1 \begin{pmatrix} \sum_{i=0}^{n} \lambda^i [f_x(t-i) - f_x^s(t-i-1)]^2 \\ \sum_{i=0}^{n} \lambda^i [f_y(t-i) - f_y^s(t-i-1)]^2 \end{pmatrix} \quad .$$

Die Multiplikation mit k_1, die wie im vorherigen Abschnitt eine Division durch die Summe der Gewichtungsfaktoren bedeutet, wird durchgeführt, um ein anschauliches und unmittelbar interpretierbares Gütemaß zu erhalten. Das so erhaltene Maß gibt die gewichteten quadratischen Abweichungen in der x- und y-Koordinate der linienbasiert ermittelten Fluchtpunkte von den stabilisierten Fluchtpunkten an.

Da die Formel die gleiche Struktur wie die bei der Berechnung von $\vec{f^s}(t)$ besitzt, läßt sich die Berechnung entsprechend vereinfachen. Mit den oben angegeben Faktoren k_1 und k_2 ergibt sich

$$\begin{aligned}\vec{q}_f(t) = \lambda\,\vec{q}_f(t-1) + k_1\left(\vec{f}(t) - \vec{f^s}(t-1)\right)^2 \\ -k_2\left(\vec{f}(t-n-1) - \vec{f^s}(t-n-2)\right)^2 .\end{aligned}$$

Abbildung 8.1: Ergebnisbilder der Fluchtpunkt- und Straßenverlaufsschätzung. Von oben nach unten: Linienbild, extrahierte Liniensegmente des Straßenmodells, nachbearbeitete Linien, Repräsentationskarte und Straßenverlauf mit Fluchtpunktschätzung.

Ergebnis der Fluchtpunkt- und Straßenverlaufschätzung

Die beschriebene Methode leistet eine Schätzung und Stabilisierung des Fluchtpunktes und des Straßenverlaufs. Abbildung 8.1 zeigt die einzelnen Verarbeitungsergebnisse. Relevante Liniensegmente werden extrahiert und fusioniert, und erzeugen die Repräsentationskarte der Fahrspuren, die eine zeitliche Mittelwertbildung der detektierten Liniensegmente darstellt. In dem unteren Teilbild sind der Straßenverlauf, der ermittelte Fluchtpunkt und die Horizontlinie zu sehen. Auf Basis der Repräsentaionskarte wird der Verlauf der Fahrbahnbegrenzung durch eine kleinste quadratische Fehlerapproximation eines angenommenen parabolischen Verlaufs durchgeführt.

Abbildung 8.2: Ergebnisbilder bei geneigter Fahrbahn.

Abbildung 8.2 zeigt zwei Szenarien auf einer Autobahn. Eingezeichnet sind auch hier der Fluchtpunkt inklusive des geschätzten Horizonts, und eine Approximation der Fahrbahnverläufe. Durch das angenommene Straßenmodell gestaltet sich eine Schätzung der Lage der Fahrspur im Fernfeld als äußerst schwierig. Jedoch wie deutlich zu erkennen ist, ergibt sich eine gute Schätzung im Nahbereich. Durch die leicht geneigte und in eine Linkskurve mündende Fahrbahn schneiden sich die Fahrbahnbegrenzungen durch das angenommene Fahrspurmodell nicht in einem Punkt.

8.2 Segmentierung auf Basis der lokalen Bildentropie

Die in Kapitel 4 entwickelte lokale Bildentropie (LBE) wird mehrfach in der Objekterkennung genutzt. Zum einen läßt sich eine Aufmerksamkeitsteuerung realisieren, die mit Hilfe eines Schwellwertes zur initialen Segmentierung des Bildes eingesetzt wird [50]. Des weiteren kann durch die LBE eine Detektion des Schattenbereichs unterhalb der Fahrzeuge, wie Pkw, Lkw und Motorräder, geleistet werden. Als letztes wird auf Basis der LBE der freie Fahrraum durch Analyse der unstrukturierten Bildbereiche bestimmt.

Eine initiale Segmentierung auf Basis einer Aufmerksamkeitsanalyse schränkt den Bilddatenraum auf die für die Lösung unbedingt notwendigen Bildbereiche ein. Dies führt zu einer Rechenzeitersparnis der nachfolgenden Algorithmen, da diese nicht alle Bildpunkte abarbeiten müssen.

Abbildung 8.3: Innenstadtszenario mit stark strukturierter Fahrbahn (Kopfsteinpflaster und Straßenbahnschienen) aus einer Sequenz. Von oben nach unten: Intensitätsbild, segmentiertes Bild und Ergebnis der lokalen Bildentropie.

In Abbildung 8.3 ist die initiale Segmentierung für eine Innenstadtszene gezeigt. In der Innenstadt, wo mit stark strukturierten Fahrbahnoberflächen (Kopfsteinpflaster und Straßenbahnschienen) zu rechnen ist, wurde eine Segmentierung durchgeführt, ohne wichtige Objektinformationen auszuschließen.

Eine Sequenz mit unterschiedlichen Verkehrsteilnehmern ist in Abbildung 8.4 gezeigt. Hierbei ist für eine Sequenz von Bildern die Bimodalität des Histogramms der lokalen Bildentropie zur Schwellwertbestimmung nicht immer detektierbar. Somit ist für alle Bilder in Abbildung 8.4 die defensive Schwelle τ_{seg}^1 bestimmt worden (vgl. Abbildung 4.6). Die berechneten Binärbilder $G_{bin}(x, y)$ gemäß Gleichung 4.8 sind durch morphologische Operatoren [45] verbessert worden. Erosion und Dilatation filtern kleine Segmente heraus und glätten die Ränder der Segmente. Man kann hier die Leistungsfähigkeit der lokalen Bildentropie auch bei variierenden Objekten und Konstellationen sehen. In diesem Experiment konnte über die Zeit eine geringe Veränderung des Schwellwertes beobachtet werden. Durch die Kurzzeitkonstanz des Schwellwertes ergibt sich nicht die Notwendigkeit, diesen im Bildtakt zu bestimmen. Eine langsamere Zeitskala ist für Verkehrszenenanalysen ausreichend, was zu einer Rechenzeitersparnis führt.

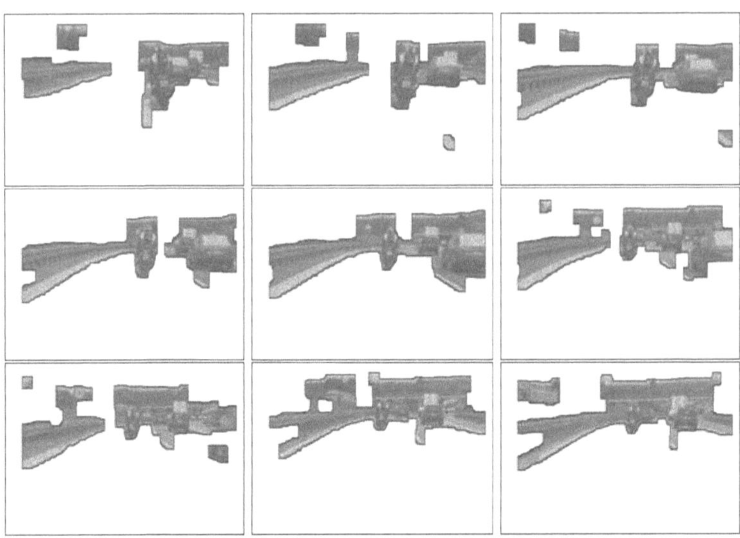

Abbildung 8.4: Initiale Segmentierung einer Autobahnbildsequenz mit unterschiedlichen Verkehrsteilnehmern.

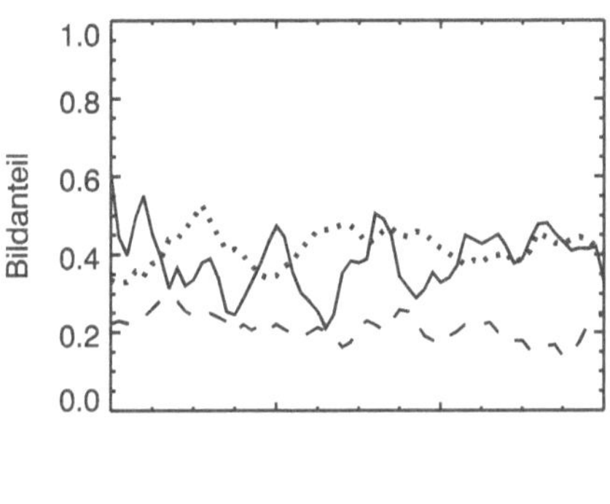

Abbildung 8.5: Gemessene Reduktion der Bilddaten in verschiedenen Sequenzen: Autobahn (gestrichelt), Landstraße und Innenstadt (gepunktet).

Neben der Aufmerksamkeitssteuerung ist die Bilddatenreduktion durch eine initiale Segmentierung ein weiteres Ergebnis der LBE. Hierbei wird auf Basis des Binärbildes $G_{bin}(x,y)$ eine Indexliste erzeugt, die den Dateneingangsraum nachfolgender Prozesse begrenzt.

Die Datenreduktionsverläufe für unterschiedliche Umgebungen sind in Abbildung 8.5 dargestellt. In wenig strukturierten Umgebungen wie auf Autobahnen wird der höchste Wert erzielt. Im Mittel wird eine Reduktion auf 21% der Bilddaten erreicht. In der Innenstadt hingegen ist durch die hohen Strukturanteile des Hintergrundes ein Wert von 43% zu erreichen. Für den Fall der Landstraße wechselt die Umgebung stark und somit ist hier bei einem Mittelwert von 37% auch eine höhere Varianz von 10% gemessen worden.

8.2.1 Überwachung des toten Winkels

Für die Fahrerunterstützung bei Einscher- und Spurwechselmanövern ist der „tote Winkel" eine potentielle Gefahrenquelle. Damit ist der Bereich links vom eigenen Fahrzeug gemeint, der weder durch den Rückspiegel noch durch den linken Außenspiegel erfaßt wird. Heutzutage sorgen aufwendigere Spiegelkonstruktionen zur teilweisen Erfassung dieses Bereichs, jedoch wird die Objekterkennung und die Abschätzung der relativen Distanz zum Objekt durch starke Verzerrungen beeinträchtigt.

Abbildung 8.6: Rückwärtige Aufnahmen (Fern- und Nahfeld) aus einer Sequenz.

Des weiteren wird aus Gründen der Aerodynamik an eine Verkleinerung des Außenspiegels auf Kameragröße gedacht, so daß die Funktionalität des Außenspiegels vollständig durch eine Kamera übernommen wird. Gegen dieses Vorgehen spricht der zusätzliche Akkomodationsaufwand des Auges, den der Fahrer aufbringen muß, um von der Vorausblickrichtung auf ein Monitorbild der Außenspiegelkamera am Amarturenbrett zu fokussieren. In Abbildung 8.6 ist für eine Außenspiegelkamera (Kamera, die am linken Außenspiegel befestigt ist, und den lateralen, rückwärtigen Fahrraum akquiriert) eine Überwachung des „toten Winkels" auf Basis der lokalen Bildentropie realisiert.

Ist die geometrische Ausdehnung der Überholspur bekannt, dann kann, wie in Abbildung 8.7 gezeigt, einer Überholspurüberwachung zur Detektion von Fahrzeugen realisiert werden. Eine Strukturanalyse auf Basis der lokalen Entropie leistet eine Objektdetektion. Hierbei wird das Objekt als Störung der Fahrbahnstruktur erkannt. Die schwarzen Bereiche in den rechten Bildern aus Abbildung 8.7 stellen die detektierten Objekte dar.

Abbildung 8.7: Detektion überholender Fahrzeuge mit einer Außenspiegelkamera. Links sind Bilder einer Szene dargestellt und rechts die entsprechende Auswertung der lokalen Bildentropie im Bereich der Überholspur, der im Bild als weißer Rahmen kenntlich gemacht ist. Es sind zwei Überholvorgänge von oben nach unten in zwei Spalten dargestellt.

8.2.2 Schattendetektion

Eines der einfachsten Merkmale zur Objektdetektion in Verkehrszenen ist der Schatten unterhalb der Fahrzeuge. Die Detektion des Schattens ist schon mehrfach eingesetzt worden [20]. In dieser Arbeit wird der Schattenbereich ohne weitere Parameter, wie eine zu definierende Grauwertschwelle zwischen dem Grauwert der

Fahrbahn und der des Schattens, erkannt. Eine Bewertung der Struktur „dunkler" Bildbereiche (Fahrbahn) wird durch die lokale Bildentropie realisiert. Hierzu werden die Bildpunkte, mit einem Intensitätswert kleiner als 64 analysiert. Hierbei lassen strukturierte Bereiche auf einen Schatten schließen.

Abbildung 8.8: Segmentierungsergebnisse einer komplexen Szene in der Innenstadt. Es sind jeweils das segmentierte Grauwertbild (oben) und die Ergebnisse einer Clusteranalyse (unten) bei eindeutiger Trennung der segmentierten Bereiche gezeigt.

Abbildung 8.9: Segmentierungsergebnisse einer Landstraßenszene. Es sind die Ergebnisse nach einer Clusteranalyse gezeigt.

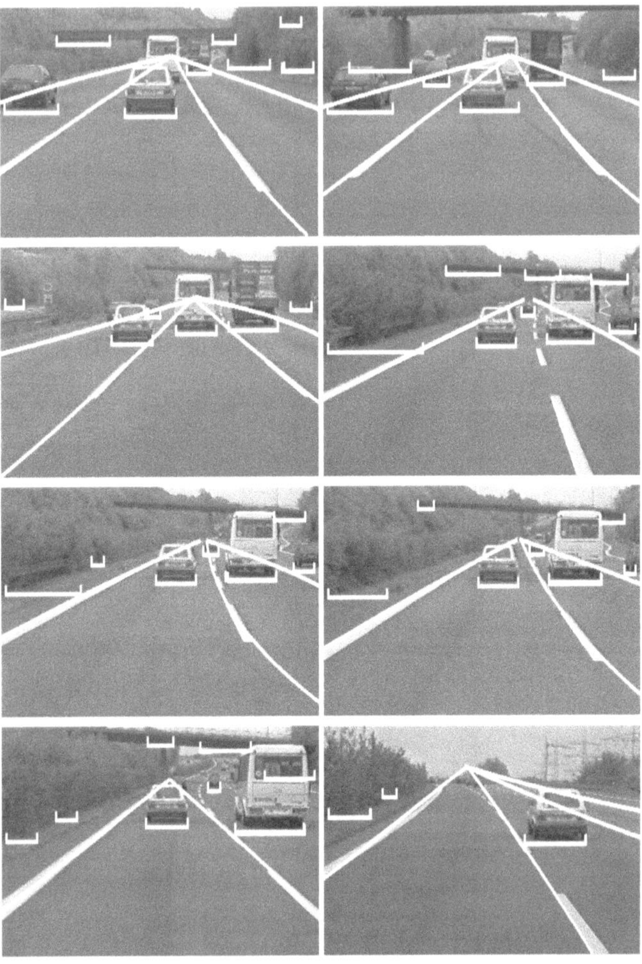

Abbildung 8.10: Kombination der Segmentierungsergebnisse und des Verlaufs der Fahrspuren.

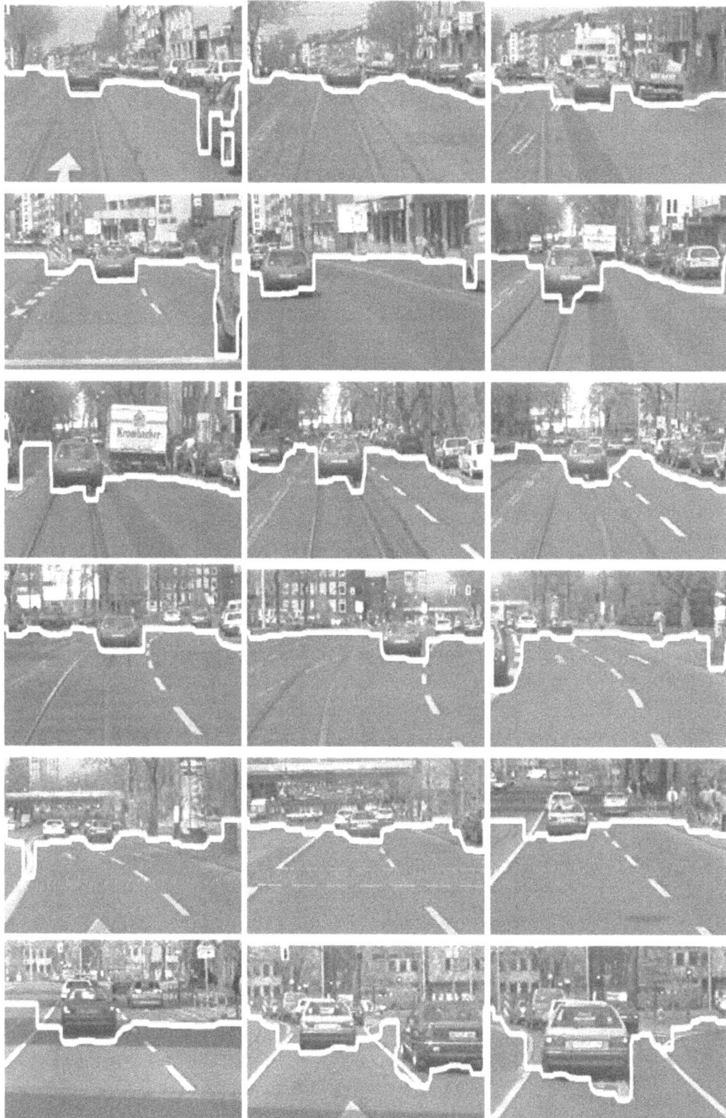

Abbildung 8.11: Abschätzung des freien Fahrraums auf Basis der lokalen Bildentropie bei partiell fehlenden Fahrbahnmarkierungen.

Abbildung 8.8 und 8.9 zeigen Ergebnisse einer Schattensegmentierung in komplexen Szenen (hochstrukturierte Innestadtszene) mit komplexem Objekt (Motorrad auf der Landstraße). Die Detektion des Schattens als einziges Merkmal ist in den meisten Szenarien nicht hinreichend gut. Durch eine Kombination mit der Fahrspurschätzung kann die Anzahl der Fehldetektionen (fälschlicherweise detektierte Bereiche) verringert werden (siehe Abbildung 8.10). Hierbei können in Abhängigkeit der erkannten Fahrspur fälschlicherweise detektierte Bereiche ausgeschlossen werden.

8.2.3 Schätzung des freien Fahrraums

In den Fahrumgebungen, in denen keine Fahrbahnmarkierungen vorhanden sind, was zur Fahrraumbestimmung nach Abschnitt 8.1 Voraussetzung ist, wird der freie Fahrraum anhand der in Kapitel 4 gezeigten Bildstrukturanalyse detektiert. Insbesondere in der Innenstadt, in der die äußeren Fahrbahnbegrenzungen nicht durch Fahrbahnmarkierungen kenntlich gemacht sind, liefert dieses Verfahren den zu befahrenden Bereich.

Hierzu werden die homogenen Strukturen des Bildes, die sich im unteren Bildbereich befinden, bewertet. Abbildung 8.11 zeigt die Ergebnisse einer Bestimmung des freien Fahrraums auf Basis der lokalen Bildentropie. Die eingezeichnete Linie begrenzt den freien Fahrraum. Insbesondere wenn die Fahrbahnmarkierungen zur Schätzung der Fahrspur fehlen, kann mit diesem Ergebnis der Gültigkeitsbereich einer zu fahrenden Trajektorie angegeben werden.

8.2.4 Segmentierung von IVUS-Bildern

Neben den Anwendungen in der Fahrerassistenz ist die lokale Bildentropie zur Segmentierung bei Kathederuntersuchungen eingesetzt worden. Die Bilddaten sind auf Basis eines IVUS-Ultraschallsensors (Typ 4.8 F Boston Scientific) in intrakoronarer Position erstellt worden [90, 91]. Diese Ergebnisse sind im Zusammenhang mit dem DFG-Projekt „Automatische Erkennung von Gefäßwandmorphologien auf der Basis der Analyse hochfrequenter IVUS-Ultraschallsignale“ (DFG SE 251 / 36-1) entstanden. Ziel ist die genaue Differenzierung arteriosklerotischer Gefäßwandveränderungen (Plaques), die für die Diagnostik und Therapie in der Kardiologie von klinischer Relevanz ist. Auf Basis der lokalen Bildentropie sind Lumen (Innendurchmesser des Blutgefäßes) und Gefäß(wand) wie in Abbildung 8.12 gezeigt segmentiert worden. Auf dieser Basis kann unter der Annahme einer radialen Struktur die Lage der Media (mittlere Schicht der Gefäßwand) geschätzt werden. Des weiteren kann die Verengung des Gefäßes durch Plaque vermessen werden.

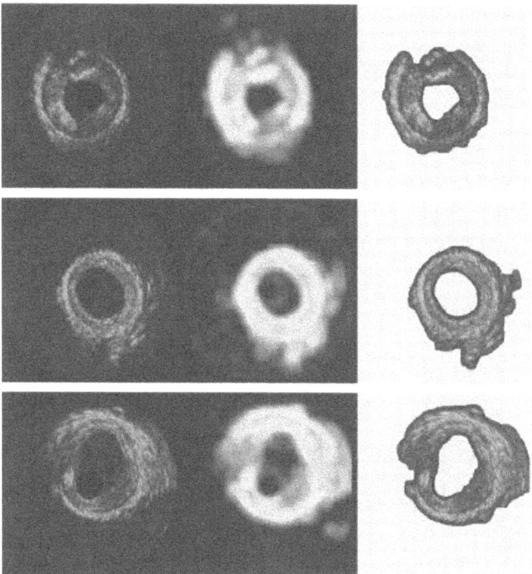

Abbildung 8.12: Segmentierung von IVUS-Bildern. Links das Originalbild, in der Mitte das Ergebnis der lokalen Bildentropie und rechts das Segmentierungsergebnis. Der verbleidende Querschnitt des Gefäßes ist gut zu erkennen.

8.3 Objektdetektion auf Basis der Symmetrie

Die initiale Detektion von Verkehrsteilnehmern kann zum Teil durch die lokale Bildentropie geleistet werden. Die Voraussetzung der Schattensegmentierung erfüllen Fußgänger im allgemeinen jedoch nicht. In diesem Fall ist ein komplexeres Merkmal als die Struktur oder der Schatten zu nutzen. Das abstrakte Merkmal der Symmetrie kann gemäß Kapitel 5 zur Fußgängerdetektion im Straßenverkehr eingesetzt werden. Im folgende werden Beispiele zur lateralen Positionsschätzung auf Basis der Symmetrie gezeigt [53].

Die Robustheit des Algorithmus der Symmetriedetektion aus Kapitel 5 ist in den Abbildungen 8.13 bis 8.15, in denen pro Bild in einer zuvor definierten AOI die stärkste Symmetrieachse detektiert wird, verdeutlicht. Hierbei werden die lateralen Objektgrenzen durch die größte Unähnlichkeit geschätzt. Als zu vergleichende Merkmale gemäß Gleichung 5.20 sind $\{f_1^{li}(i,j), f_1^{re}(i,j), f_2^{li}(i,j), f_2^{re}(i,j)\}$ gewählt worden, wobei $\{f_1^{li}(i,j), f_1^{re}(i,j)\}$ dem tiefpaßgefilterten und $\{f_2^{li}(i,j), f_2^{re}(i,j)\}$ dem Laplace-gefilterten Bildern entsprechen.

Die Objekte Fahrzeug, Motorrad und auch Fußgänger werden eindeutig detektiert und vermessen. In Abbildungen 8.14 und 8.15 ist eine zuverlässige Symmetriedetektion auch bei starken Skalierungsänderungen der Objekte geleistet worden. Dies bestätigt, daß der zu definierende Suchraum - im Bild gepunktet - nicht exakt festgelegt werden muß. Denn vielmehr ist die Approximationsgüte des CS-NN, wie schon in Abbildung 5.11 gezeigt, sehr robust gegen Variationen der Objektgröße im Bild. Im Falle der Fußgängerdetektion läßt sich die Leistungsfähigkeit des gewählten Optimierungsansatzes hinsichtlich Objektdeformationen demonstrieren. Auch wenn im strengen mathematischen Sinne (Bedingung 1(a) Abschnitt 5.1) die Bildhälften nicht ungleich kongruent sind, ist eine zuverlässige Detektion der *perzeptuellen* Symmetrieachse und der Objektausdehnung möglich.

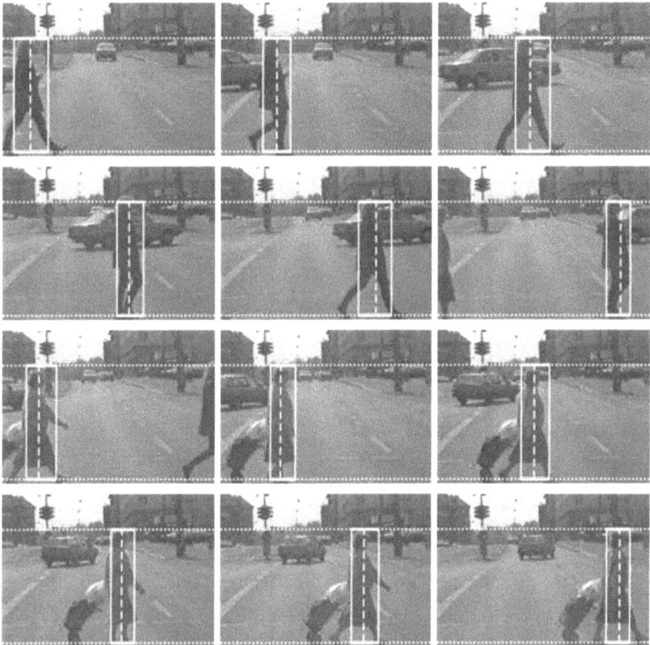

Abbildung 8.13: Detektion der bilateralen Symmetrieachse (senkrecht gestrichelt) und der lateralen Begrenzungen eines an der Ampel die Straße überquerenden Fußgängers in einer vorgegebener Interessenregion über einen Zeitraum von 100 Bildern. (Von links nach rechts und oben nach unten.)

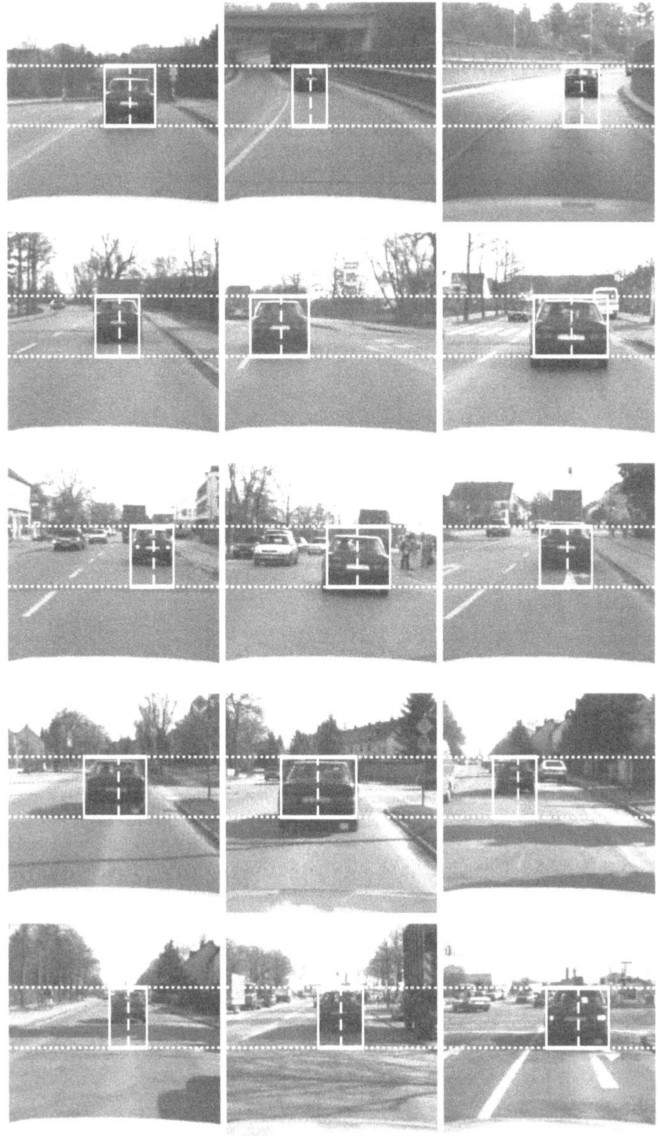

Abbildung 8.14: Detektion der bilateralen Symmetrieachse (senkrecht gestrichelt) und der lateralen Begrenzungen eines vorausfahrenden Fahrzeugs in einer vorgegebener Interessenregion über einen Zeitraum von 4350 Bildern. (Von links nach rechts und oben nach unten.)

Abbildung 8.15: Detektion der bilateralen Symmetrieachse (senkrecht gestrichelt) und der lateralen Begrenzungen eines vorausfahrenden Motorrads in einer vorgegebenen Interessensregion über einen Zeitraum von 2000 Bildern. (Von links nach rechts und oben nach unten.)

8.4 Objektverfolgung

Die initiale Segmentierung auf Basis der Kombination der lokalen Bildentropie und der Symmetriedetektion ist von hoher Detektionsgüte. Jedoch können diese die gewonnene Information für die nachfolgenden Bilder kaum nutzen. Sicherlich läßt sich unter der Annahme der Stetigkeit der Objekte im Raum eine Präferenz auf den zuvor gefundenen Bereich legen.

Abbildung 8.16: Verfolgung eines Fußgängers in größerer Entfernung bei der Straßenüberquerung. (Von links nach rechts und oben nach unten.)

Abbildung 8.17: Verfolgung eines Motorrades in einem großen Skalierungs- und Translationsbereich. (Von links nach rechts und von oben nach unten.)

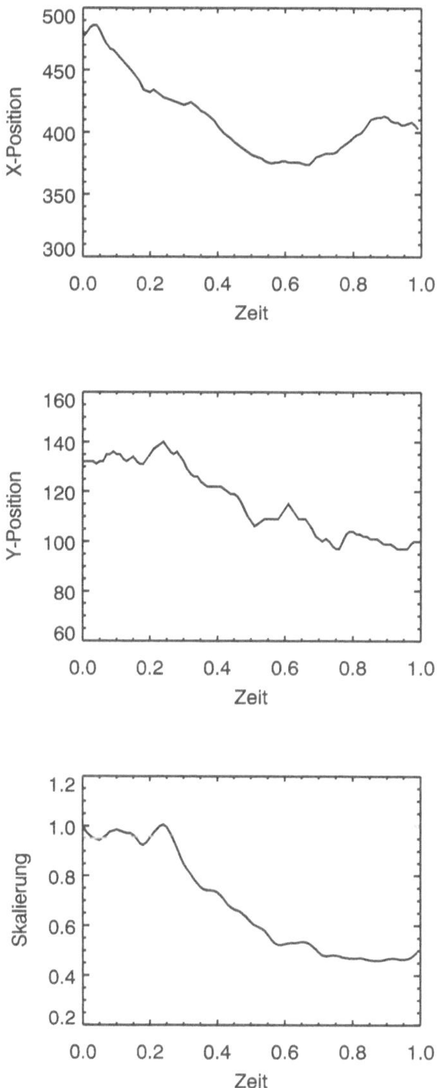

Abbildung 8.18: X-, Y-Positionen und Skalierung des Motorrades im Bild aus Abbildung 8.17.

Doch die Voraussetzung der Stetigkeit in der Bildposition ist im Falle eines bewegten Beobachters und sich bewegender Objekte aufgrund großer Relativverschiebungen im Bild nicht unbedingt erfüllt.

Zur Objektverfolgung wird für das detektierte Objekt Modellwissen erzeugt. Durch Wiedererkennen dieses Modells in zeitlich nachfolgenden Bildern kann eine Stabilisation und zeitliche Kohärenz der Objektpositionen ermittelt werden. Sogenannte Trajektorien (Objektpositionen und -skalierung in Abhängigkeit von der Zeit) lassen sich so ermitteln. Auf Basis der relativen Größenänderung eines Objektes wird die Größe *time-to-collision*, die eine Regelgröße für die Längsregelung ist [66], berechnet. Diese schätzt die Zeitspanne bis zum Zusammentreffen mit dem verfolgten Objekt. Des weiteren kann aus einer Trajektorie gemäß eines physikalischen Bewegungsmodells eine Prädiktion der im nächsten Zeitschritt zu erwartenden Objektposition geschätzt werden.

Die Objektverfolgung basiert in der vorliegenden Arbeit auf einer Distanzmessung zwischen Modell- und Bildsignaturen mit Hilfe der Monge-Kantorovich Distanz gemäß Kapitel 7, da sich die Abstandsmaße aus Kapitel 6 lediglich für kurzzeitstabile Vergleiche eignen [51]. Als Merkmale werden die Cooccurrence-Matrizen aus Kapitel 3 als Signaturen (siehe Abschnitt 7.1) genutzt.

Abbildungen 8.16 und 8.17 zeigen die Ergebnisse einer Objektverfolgung eines Fußgängers und eines Zweiradfahrers. Die Position im Bild und die Größenänderung des Motorradfahrers ist in Abbildung 8.18 aufgezeichnet.

8.5 Dynamische Karte zur Objekterkennung

Um wie in [48] die Informationen der einzelnen Komponenten der Objekterkennungskette sinnvoll miteinander zu fusionieren, wird in diesem Abschnitt eine dynamische Repräsentation entwickelt. Diese Repräsentationskarte ist in Bildkoordinaten und -auflösung definiert, da alle Algorithmen ihre Ergebnisse in Bildkoordinaten zur Verfügung stellen. Sie hat die Aufgabe, die Ergebnisse der Objektdetektion und -verfolgung in Form von Aufenthaltswahrscheinlichkeiten $S(x, y) \in \mathbb{R}$ sinnvoll zu integrieren, um Fehldetektionen zu vermeiden und eine Anpassung an die Dynamik der Objekte zu leisten.

Als Repräsentation der Objektinformationen ist eine zweidimensionale dynamische Karte $S(x, y)$ gewählt worden. In diese Karte werden alle für die Aufgabe relevanten Objektinformationen eingetragen. Eine zeitliche Filterung der Daten sorgt für eine stabile Repräsentation und läßt eine Gewichtung der Suchbereiche der verschiedenen Verfahren zu. Durch die Objektverfolgung aus Abschnitt 8.4 wird eine Anpassung an objektspezifische, also modellfreie, Bewegungsdynamik gewährleistet. Für jeden detektierten Punkt des Bildes wird eine Erregung an der entsprechenden Position der Karte hervorgerufen. Eine detektierte Fahrspur bzw. der freie Fahrraum werden als Vorerregungen eingetragen, so daß die Repräsentationskarte für diesen Bildbereich sensibilisiert.

Alle weiteren Objektdetektionsergebnisse der lokalen Bildentropie und der

Symmetrie aktivieren die Elemente der Karte in Abhängigkeit ihrer gemessenen Schätzgüte. Diese erfolgt durch einen Wert mit der Aktivierung $V(x,y)$ mit $V(x,y) = \{V(x,y) \in \mathbb{R} \mid 0 \leq V(x,y) \leq V_{max}\}$. Eine Dynamik der Karte sorgt für eine Anpassung der Repräsentation über die Zeit. Es wird ein exponentieller Abfall der Kartenaktivierung gefordert. Das Konvergenzverhalten und die Parameterwahl erfolgen nach folgendem Prinzip, so daß die Aktivierung nicht ins Unendliche wächst oder nicht abklingt. Damit einmalig eingetragene Segmente den weiteren Berechnungsprozeß nicht stören, werden Aktivierungen unterhalb einer Schwelle $\tau_r \in \mathbb{R}$ gleich Null gesetzt.

Unter der Annahme, daß ein detektierter Bildpunkt in t Bildern immer an derselben Stelle auftritt, läßt sich der zugehörige maximale Wert S^∞ der Repräsentation wie folgt berechnen:

$$S^t(x,y) = (\ldots((V_{max}\gamma + V_{max})\gamma + V_{max})\gamma \ldots) \tag{8.2}$$

$$= V_{max} \sum_{i=0}^{t-1} \gamma^i \tag{8.3}$$

$$= V_{max} \frac{1-\gamma^t}{1-\gamma} \tag{8.4}$$

Für $t \to \infty$ ergibt sich damit als Grenzwert

$$S^\infty(x,y) = \frac{V_{max}}{1-\gamma}$$

Betrachtet man das Verhalten der Karte nach einmaliger Eintragung einer Punkterregung, so bleibt nach t Bildern ein Anteil von $V_{max}\gamma^t = V_{max}e^{t\ln\gamma}$ übrig. Der Beitrag jedes eingetragenen Segmentes fällt also exponentiell mit der Zeit ab. Von Interesse ist die Frage, nach wie vielen Zeitschritten noch die Hälfte des ursprünglichen Wertes vorhanden sei

$$\begin{aligned} \tfrac{1}{2} &= \gamma^{t_{1/2}} \\ \Rightarrow \quad t_{1/2} &= \tfrac{\ln(\frac{1}{2})}{\ln\gamma} \end{aligned}$$

Für die Bestimmung der Parameter γ und V_{max} des Algorithmus ist der umgekehrte Weg zu gehen: Der Wert $t_{1/2}$ und der Grenzwert $S^\infty(x,y)$ werden vorgegeben, die Parameter ergeben sich dann zu

$$\begin{aligned} \gamma &= e^{\frac{\ln\frac{1}{2}}{t_{1/2}}} \\ V_{max} &= (1-\gamma)S^\infty(x,y) \end{aligned}$$

Bei der Wahl von $S^\infty(x,y)$ ist zu berücksichtigen, daß in der Praxis die Lage der Objekte über die Zeit nicht konstant ist, was bedeutet, daß der Maximalwert der Repräsentation deutlich unter $S^\infty(x,y)$ bleibt.

Auf Basis dieser Karte können Informationen (Ergebnisse) verschiedener Bildverarbeitungsschritte V_u flexibel fusioniert werden. Es gilt

$$V = \sum_{u=1}^{U} \lambda_u V_u \quad ,$$

wobei $u = \{u \in \mathbb{N}^+ \mid 1 \leq u \leq U\}$, $U \in \mathbb{N}^+$ und $\lambda_u = \{\lambda_u \in \mathbb{R}^+ \mid 0 \leq \lambda_u \leq 1\}$ mit $\sum_{u=1}^{U} \lambda_u = 1$. Um eine dynamische sich über die Zeit anpassende Karte zu realisieren, koppeln die Ergebnisse der Objektverfolgung als dynamische Bereichsverschiebungen auf dieser Karte ein. Hierbei führt eine gemessene Translation und Skalierungsänderung eines Objektes zur Verschiebung der Kartenaktivierung eines detektierten Bereichs. Somit wird im Zusammenspiel mit der Objektdetektion eine dynamische Repräsentation der Objekte der Szene in Form von Aufenthaltswahrscheinlichkeiten erzeugt (siehe Abbildung 8.19).

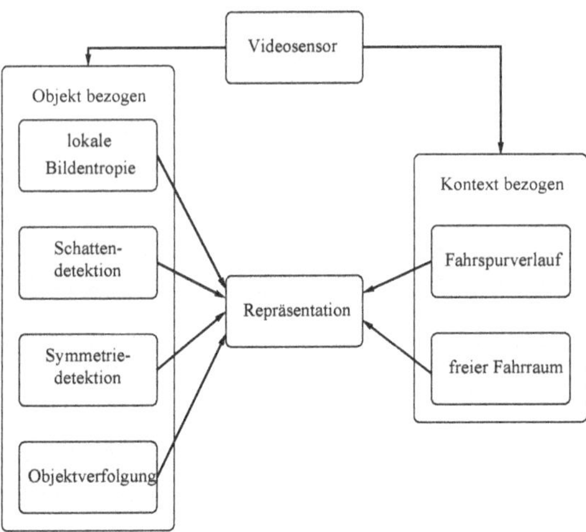

Abbildung 8.19: Zusammenhang zwischen der Repräsentationskarte und den einzelnen Modulen der Bildverarbeitung.

8.6 Zusammenfassung

Unter Kopplung verschiedener Bildverarbeitungsmethoden ist ein robustes Objekterkennungssystem für die Fahrerassistenz aufgebaut worden. Bildverarbeitungsmodule wie die Fahrbahnverlaufs- und Fluchtpunktschätzung, die Schätzung des freien Fahrraums und die Detektion von Objekten auf Basis der LBE, der Schattensegmentierung, der Symmetrie und der Monge-Kantorovich Distanz leisten im Zusammenspiel eine zuverlässige dynamische Erkennung veränderlicher Objekte im Straßenverkehr.

Kapitel 9

Zusammenfassung und Ausblick

Der Einsatz visueller Sensoren für Überwachungsaufgaben in natürlicher Umgebung ist besonders attraktiv, da der Sensor eine ausreichende Auflösungsgüte zur Erfassung aller zu erwartenden Objekte zur Verfügung stellt. Die Aufgabe autonomer bzw. teilautonomer Überwachungssysteme ist die Akquisition des für ihr Verhalten notwendigen Wissens über die Umwelt. In diesem Zusammenhang sind die Art und die Lage der zur Realisierung des Verhaltens zu berücksichtigen Objekte von Interesse.

Ziel dieser Arbeit ist die dynamische Erkennung veränderlicher Objekte mit Hilfe texturbasierter Distanzmaße. Dieses Erkennen ist im Zusammenhang mit einem Fahrerassistenzsystem realisiert worden. Insbesondere ist ergänzend zu der Erkennung von Pkw und Lkw das Hauptaugenmerk auf ungeschützte Verkehrsteilnehmer wie Fußgänger und Zweiradfahrer gelegt worden.
Die Aufgabenstellung bringt drei Probleme mit sich. Zum einen muß der hohe Datenstrom des Sensors auf die für die Lösung der Aufgabe notwendigen Bereiche limitiert werden. Zum zweiten sind durch die unterschiedlichen Erscheinungsformen der zu erfassenden Objekte hohe Anforderungen an die Detektionsmodule gestellt. Hierbei ist besonders eine geeignete Merkmalbasis zu entwickeln. Drittens sind die Objekte in ihrer Form über die Zeit veränderlich, was die Objektverfolgung erschwert, da diese zur Erhaltung der allgemeinen Anwendbarkeit der Module nicht modellgetrieben realisiert werden soll. In der vorliegenden Arbeit sind diese drei Hauptprobleme untersucht und gelöst worden.

Einerseits begünstigt die zweidimensionale Struktur des Sensors die Detektion von Fußgängern und Zweiradfahrern. Andererseits verlangsamt aber die hohe Datenflut den Verarbeitungsprozeß und stellt immense Anforderungen an die Rechengeschwindigkeit der Bildverarbeitungshardware. Eine Lösung ist es, sich einer Spezialhardware zu bedienen, die sich jedoch meist als sehr spezifisch, kostenaufwendig und unflexibel bezüglich Systemerweiterungen erweist. Eine andere Lösung ist die Reduktion des Datenraums durch die Extraktion spärlicher Merkmale wie Kanten und Konturen. Dieses führt zu einer in der Bildverarbeitungskette frühen Einschränkung der vollen Dynamik des Sensors. Um das ganze Informationsspektrum der Sensordaten zu nutzen und gleichzeitig eine Datenreduktion durchzuführen, ist in dieser Arbeit die lokale Bildentropie entwickelt worden. Auf Basis einer lokalen Strukturanalyse werden die zur Lösung der Aufgabe notwendigen Bildbereiche extrahiert. Hierbei wird zuerst eine Aufmerksamkeitskarte erstellt, die es erlaubt, das Bild in strukturierte und homogene Bildbereiche durch Vergleich mit einer Schwelle zu teilen. Lediglich die strukturierten Bereiche wurden zur weiteren Bildanalyse betrachtet. Hierdurch sind Reduktionsraten von 50% bis 20% der ursprünglichen Bildfläche gemessen worden. Es konnte des weiteren gezeigt werden, daß auf Basis der lokalen Bildentropie eine Schattendetektion der Objekt Pkw, Lkw und Motorräder realisiert werden kann. Die Überwachung des „toten Winkels" und die Abschätzung des freien Fahrraums bei fehlenden Fahrbahnmarkierungen sind zwei weitere erfolgreiche Anwendungen der lokalen Bildentropie.

Die Erkennung von Fußgängern bzw. Personen stellt sehr hohe Anforderungen an ein Bilderkennungsmodul. Objektbeschreibungen durch einfache Merkmale sind in diesem Zusammenhang aufgrund der Vielzahl der möglichen Erscheinungsformen nicht sinnvoll. In dieser Arbeit wurde das abstrakte Merkmal der Symmetrie zur Objekterkennung eingesetzt. Es ist eine robuste Methode, die als Optimierungsproblem formuliert ist, entwickelt worden. Die Robustheit ist hier durch die approximative Eigenschaft einer Optimierung gegeben. Eine gute Lösung der Optimierungsfunktion ist durch die Wahl eines neuronalen Netzes gewährleistet. Es konnte gezeigt werden, daß diese Art der Symmetriebestimmung gegenüber dem zu wählenden Suchbereich robust ist.

Um nun eine zeitliche Kohärenz der Objekte zur Stabilisierung des Objekterkennungssystems zu bestimmen, ist eine Objektverfolgung veränderlicher Objekte entwickelt worden. Hierbei ist die Cooccurrence-Matrix als Signatur und die Monge-Kantorovich Distanz erarbeitet worden. Durch die Cooccurrence-Matrix ist ein informationsreiches Merkmal gegeben. Durch die Definition einer Metrik auf dieser Matrix, die die Wahrscheinlichkeiten der Objektveränderung in Distanzen auf dieser Matrix kodiert, ist eine Objektsignatur gegeben, die das Vergleichsmaß der Monge-Kantorovich Distanz optimal nutzt. Hierbei werden zur Lösung des Korrespondenzproblems die Cooccurrence-Matrizen des Modells und des Bildes miteinander verglichen. Das Distanzmaß der Verteilungen ist hier ebenfalls als Optimierungsprozeß formuliert worden. Dieses sorgt für eine gute Approximationseigenschaft der Monge-Kantorovich Distanz an sich zeitlich ändernde Verteilungen.

Am Schluß der Arbeit ist ein Objekterkennungssystem zur Fahrerassistenz realisiert worden. Es wurde eine Detektion und Verfolgung aller am Straßenverkehr teilnehmenden Objektgruppen entwickelt, ohne daß Modellwissen und a-priori Wissen notwendige Voraussetzung waren. Zusätzliches Kontextwissen ist in Form einer Straßenverlaufsschätzung und der Schätzung des freien Fahrraums eingekoppelt worden. Als Anwendungen sind z. B. die Überwachung des „toten Winkels“ und die Fußgängerdetektion an Ampelkreuzungen gezeigt.

Wie in den Kapiteln 1 und 2 bereits erwähnt, kann eine Erhöhung der Schätzgüte der Verfahren dieser Arbeit durch die Ergebnisfusion mit anderen Sensoren erreicht werden. Folgend ergibt sich in diesem Zusammenhang die Schwierigkeit einer geeigneten Fusionsstruktur.
Auf dem Gebiet der Texturanalyse mit Hinblick auf eine Objektdetektion ist ein evolutionäres Optimierungsverfahren denkbar, das eine aufgabenoptimale Kombination verschiedener Texturbeschreibungsmethoden gemäß Kapitel 3 bestimmt, so daß eine objektspezifische Aufmerksamkeitsanalyse entwickelt werden kann. Ziel ist es, für jedes Objekt eine optimale Kombination von Texturmaßen zur Detektion zu bestimmen. Für das Verfahren der Symmetriedetektion sind Überlegungen, dieses Vergleichsmaß zu einem Modell-Bild-Vergleich einzusetzen, vielversprechend. Eine interessante Erweiterung verspricht die Auswertung der durch die Monge-Kantorvich Distanz erfaßten Veränderungen in der Verteilung über die Zeit, die dann zu einer Lernregel zur dynamischen Objektbeschreibung führt. Somit kann eine abstrakte Beschreibungsebene zur Modellanpassung abgeleitet werden.

Die in dieser Arbeit entwickelten Verfahren sind nicht nur im Kontext der Fahrerassistenz zu sehen. Sowohl die lokale Bildentropie und die Symmetriedetektion als auch die Objektverfolgung stellen Lösungen für allgemeine Problemstellungen anderer Bereiche der Bildverarbeitung dar.

Anhang A

Algorithmen

Algorithmus zur Symmetriedetektion auf Basis des CSNN

1. Berechne für jeden Bildpunkt die Merkmale $f_q^{li}(x, y)$ und $f_q^{re}(x, y)$.
2. Bestimme für den Satz hypothetischer Symmetrieachsen x die finale Netzwerkenergie $H(x)$ in folgender Weise:
   (a) Extrahiere die linken und rechten Merkmalbereiche links und rechts von der zu untersuchenden Symmetrieachse.
   (b) Bestimme den Bias und die Gewichte gemäß Gleichung 5.23.
   (c) Initialisiere das CSNN gemäß Gleichung 5.25.
   (d) Iteriere das Netzwerk gemäß Gleichung 5.24 (oder Gleichung 5.27) bis ein stabiler Netzwerkzustand erreicht ist.
   (e) Bestimme die Netzwerkenergie $H(x)$ gemäß Gleichung 5.19 für diese Symmetrieachse.
   (f) Korrigiere die Position x gemäß Gleichung 5.28.
3. Detektiere die Lage der Symmetrieachsen als Abfolgen von Maximum-Minimum-Maximum.

Algorithmus zur initialen Segmentierung auf Basis der lokalen Bildentropie

1. Berechne für jeden Bildpunkt das Histogramm (Auftrittwahrscheinlichkeiten $p_i(x,y)$) der rechteckigen Umgebung $(2R+1)\times(2S+1)$ nach Gleichung 4.6.
2. Bestimme die lokale Bildentropie $H_{LBE}(x,y)$ gemäß Gleichung 4.7.
3. Bestimme die Indexmenge aller Punkte, für die $H_{LBE}(x,y) > \tau_{seg}$ (siehe Gleichung 4.8) gilt.

Algorithmus zur Objektverfolgung mittels der Monge-Kantorovich Distanz auf Basis der Cooccurrence-Matrizen

1. Berechne für eine detektierte Region im Bild die Cooccurrence-Matrizen gemäß Gleichung 7.1, die dem Modell $\mathbf{G}$ entsprechen.
2. Erweitere die aktuelle Region um einen Suchbereich für den nächsten Zeitschritt.
3. Für alle Zeitschritte $t \geq 1$
   (a) Berechne für alle Regionen im Suchbereich die Cooccurrence-Matrizen gemäß Gleichung 7.1, die den Hypothesen $\mathbf{F}_s$ entsprechen.
   (b) Bestimme die minimale Distanz $d_{MKP}(\mathbf{G},\mathbf{F})$ nach Gleichung 7.4.
   (c) Aktualisiere auf Basis des detektierten Minimums die Objektposition und die Suchregion für den nächsten Zeitschritt.

Anhang B

Herleitung der Gewichte und des Bias für das CSNN

Für die Netzenergie des CSNN gilt:

$$H = H^{KF} + \lambda H^{NF} \quad ,$$

mit

$$H^{KF} = \sum_{i=1}^{N_r} \sum_{j=1}^{N_c} \sum_{k=D_{min}}^{D_{max}} \sum_{q=1}^{Q} \mid f_q^{li}(i,j) - f_q^{re}(i+k,j) \mid^2 O_{i,j,k} \quad \text{und}$$

$$H^{NF} = \sum_{i=1}^{N_r} \sum_{j=1}^{N_c} \sum_{k=D_{min}}^{D_{max}} \sum_{(r,s)\in\Phi} (O_{i,j,k} - O_{(i+r),(j+s),k})^2 B_{rs} \quad .$$

Dann lautet die vollständige Energiegleichung:

$$\begin{aligned} H &= \sum_{i=1}^{N_r} \sum_{j=1}^{N_c} \sum_{k=D_{min}}^{D_{max}} \sum_{q=1}^{Q} \mid f_q^{li}(i,j) - f_q^{re}(i+k,j) \mid^2 O_{i,j,k} \\ &+ \lambda \sum_{i=1}^{N_r} \sum_{j=1}^{N_c} \sum_{k=D_{min}}^{D_{max}} \sum_{(r,s)\subset\Phi} (O_{i,j,k} - O_{(i+r),(j+s),k})^2 B_{rs} \end{aligned} \tag{B.1}$$

Diese kann ausmultipliziert werden zu

$$\begin{aligned} H &= \sum_{i=1}^{N_r} \sum_{j=1}^{N_c} \sum_{k=D_{min}}^{D_{max}} \sum_{q=1}^{Q} \mid f_q^{li}(i,j) - f_q^{re}(i+k,j) \mid^2 O_{i,j,k} \\ &+ \lambda \sum_{i=1}^{N_r} \sum_{j=1}^{N_c} \sum_{k=D_{min}}^{D_{max}} (\quad \Omega O_{i,j,k}^2 \\ &- 2 \sum_{(r,s)\in\Phi} B_{rs} O_{i,j,k} O_{(i+r),(j+s),k} + \sum_{(r,s)\in\Phi} B_{rs} O_{(i+r),(j+s),k}^2 \quad) \quad . \end{aligned} \tag{B.2}$$

Unter Vernachlässigung der Ränder kann der Term

$$\sum_{i=1}^{N_r}\sum_{j=1}^{N_c}\sum_{k=D_{min}}^{D_{max}}\sum_{(r,s)\in\Phi} B_{rs}\, O^2_{(i+r),(j+s),k}$$

in

$$\sum_{(r,s)\in\Phi} B_{rs}\sum_{i=1}^{N_r}\sum_{j=1}^{N_c}\sum_{k=D_{min}}^{D_{max}} O^2_{ijk}$$

umgeformt werden, da der Eintrag $O_{i,j,k}$ genau Ω-fach mit den Stärken B_{rs} in der Glättungsmaske B_{rs} auftritt (unter Vernachlässigung der Randbereiche. Ferner gilt

$$\sum_{(r,s)\in\Phi} B_{rs} = \Omega \quad .$$

Somit ergibt sich folgende Energiegleichung:

$$\begin{aligned} H &= \sum_{i=1}^{N_r}\sum_{j=1}^{N_c}\sum_{k=D_{min}}^{D_{max}}\sum_{q=1}^{Q} \mid f_q^{li}(i,j) - f_q^{re}(i+k,j) \mid^2 O_{i,j,k} \\ &+ 2\lambda \sum_{i=1}^{N_r}\sum_{j=1}^{N_c}\sum_{k=D_{min}}^{D_{max}} (\,\Omega\, O^2_{i,j,k} - \sum_{(r,s)\in\Phi} B_{rs}\, O_{i,j,k}\, O_{(i+r),(j+s),k}\,) \quad . \end{aligned} \tag{B.3}$$

Mit $O^2_{i,j,k} = O_{i,j,k}$ und einer Umformung ergibt sich

$$\begin{aligned} H &= \sum_{i=1}^{N_r}\sum_{j=1}^{N_c}\sum_{k=D_{min}}^{D_{max}} (\sum_{q=1}^{Q} \mid f_q^{li}(i,j) - f_q^{re}(i+k,j) \mid^2 + 2\,\lambda\,\Omega\,)\, O_{i,j,k} \\ &- \frac{1}{2}\sum_{i=1}^{N_r}\sum_{j=1}^{N_c}\sum_{k=D_{min}}^{D_{max}} 4\,\lambda \sum_{(r,s)\in\Phi} B_{rs}\, O_{i,j,k}\, O_{(i+r),(j+s),k} \quad . \end{aligned} \tag{B.4}$$

Durch einen Vergleich mit der Gleichung

$$\begin{aligned} H &= -\sum_{i=1}^{N_c}\sum_{j=1}^{N_r}\sum_{k=D_{min}}^{D_{max}} I^{ex}_{i,j,k}\, O_{i,j,k} \\ &- \frac{1}{2}\sum_{i=1}^{N_c}\sum_{j=1}^{N_r}\sum_{k=D_{min}}^{D_{max}}\sum_{l=1}^{N_c}\sum_{m=1}^{N_r}\sum_{n=D_{min}}^{D_{max}} w_{i,j,k;l,m,n}\, O_{i,j,k} O_{l,m,n} \quad , \end{aligned} \tag{B.5}$$

ergeben sich die Gewichte und der Bias zu

$$\begin{aligned} w_{i,j,k;l,m,n} &= 4\lambda \sum_{(r,s)\in\Phi} \delta_{((i,j),(l+r,m+s))}\, \delta_{(k,n)}\, B_{rs} \quad \text{und} \\ I^{ex}_{i,j,k} &= -\sum_{q=1}^{Q} \mid f_q^{li}(i,j) - f_q^{re}(i,j+k) \mid^2 - 2\,\lambda\,\Omega \quad . \end{aligned} \tag{B.6}$$

Anhang C

Notationen und Symbole

allgemeine Notationen

a	Skalar
$\vec{a}$	Vektor
$\mathbf{A}$	Matrix
$A()$	Funktion
A	Konstante
$\mathbb{N}^+$	Menge der natürlichen Zahlen exklusive Null
$\mathbb{N}^0$	Menge der natürlichen Zahlen inklusive Null
$\mathbb{Z}$	Menge der ganzen Zahlen
$\mathbb{R}$	Menge der reellen Zahlen
$\mathbb{R}^+$	Menge der positiven reellen Zahlen

ikonische Notationen

$G(x, y)$	Intensitätsbild
$G_{bin}(x, y)$	segmentiertes Bild
M	Anzahl der Bildspalten
N	Anzahl der Bildzeilen
C	maximale Anzahl der Intensitätswerte
$D_a(x, y)$	Gradientenbild
$G_M(x, y)$	Monotoniebild
$S(x, y)$	Repräsentationskarte
$V_u(x, y)$	Einkopplungstärke des Moduls u

Notationen zur Statistik

p_i, q_i	Grauwertauftrittswahrscheinlichkeit
$P_m = \{p_1, \ldots, p_m\}$	Wahrscheinlichkeitsverteilung
$E\{A\}$	Erwartungwert von A
$R_{GG}(p, q)$	Autokorrelationfunktion zweier Bilder
$P_{ab}(\epsilon, \alpha)$	Cooccurrence-Matrix

$H(p)$	Entropie
$H_{LBE}(x,y)$	lokale Bildentropie

Notationen zum neuronalen Netz

O_i	Ausgangsaktivität des Neurons i
I_i	Eingangsaktivität des Neurons i
I_i^t	Eingangsaktivität des Neurons i zum Zeitschritt t
I_i^{ex}	konstamter externer Eingangswert des Neurons i
$F_i()$	Übertragungsfunktion des Neurons i
$\mathbf{W}$	Gewichtsmatrix
w_{ij}	Verbindungsgewicht zwischen Neuron j und Neuron i
Θ_i	Bias des Neurons i
$E()$	Energiefunktion des Hopfieldneztes
$H()$	Energiefunktion des CSNN - Stärke der Symmetrie
H^{KF}	Energiebeitrag des Kostenfunktion
H^{NF}	Energiebeitrag der Nebenbedingungsfunktion

Notationen zum Vergleich von Verteilungen

$G = \{g_i\}, i = 1, \ldots, Q$	Modellmerkmalmenge der Mächtigkeit Q
$F = \{f_i\}, i = 1, \ldots, Q$	Bildmerkmalmenge der Mächtigkeit Q
$\mathbf{G} = \{g_{ij}\}$	Modellmerkmal-Cooccurrence-Matrix
$\mathbf{F} = \{f_{kl}\}$	Bildmerkmal-Cooccurrence-matrix
$\mathcal{T}(\mathbf{F}, \mathbf{G})$	Transportpläne
$\mathbf{T}$	optimaler Flußplan
c_{ijkl}	farbliche Distanz auf der Cooccurrence-Matrix
$c_{ijkl}t_{ijkl}$	Transportaufwand eines Eintrages ij nach kl der Größe t_{ijkl} über die Distanz c_{ijkl}

Distanzen von Verteilungen

$d_?(F,G)$	perzeptuelle Distanz
$d_{L_r}(F,G)$	Minkowski Distanz
$d_+(F,G)$	Histogramm-Schnittpunkte
$d_{KL}(F,G)$	Kullback-Leibler Divergenz
$d_J(F,G)$	Jeffrey Divergenz
$d_{MD}(F,G)$	Zuordnungsdistanz
$d_{KS}(F,G)$	Kolmogrov-Smirnov Distanz
$d_A(F,G)$	Distanz quadratischer Form
$d_{MKP}(\mathbf{F}, \mathbf{G})$	Monge-Kantorovich Distanz

Literaturverzeichnis

[1] T. Troscianko A. Blake. *AI and the eye*. John Wiley & Sons, 1990.

[2] M. Aguilar, D.A. Fay, W.D. Ross, A.M. Waxman, D.B. Ireland und J.P. Racamato. Real-time fusion of low-light CCD and uncooled IR imagery for color night vision. In *Proceedings of the SPIE Conference Enhanced and Synthetic Vision 98 Orlando, Florida, USA*, Seite 124–135, 1998.

[3] J. Amelung. *Automatische Bildverarbeitung für die Qualitätsicherung*. Dissertation, Darmstädter Dissertationen D17, Darmstadt, 1995.

[4] F. Argentini, L. Alparone und G. Benelli. Fast algorithms for texture analysis using co-occurence matrices. *IEE Proceedings Radar and Signal Processing*, 137(6):43–448, 1990.

[5] H. Bässmann und P.W. Besslich. *Konturorientierte Verfahren in der digitalen Bildverarbeitung*. Springer-Verlag, Berlin; Heidelberg; New York; London; Paris; Tokyo, 1989.

[6] M. Bertozzi, A. Broggi, G. Conte und A. Fascoli. The Experience of the ARGO Autonomous Vehicle. In *Proceedings of the SPIE Conference Enhanced and Synthetic Vision 98 Orlando, Florida, USA*, Seite 218–229, 1998.

[7] Prabir Bhattacharya und Yan-Kung Yan. Iterativ Histogram Modification of Gray Images. *IEEE Trans. on Systems, Man, and Cybernetics*, SMC-25(3):521–523, 1995.

[8] Martin Bichsel und Peter Seitz. Minmum Class Entropy: A Maximum Information Approach to Layered Networks. *Neural Networks*, 2:133–141, 1989.

[9] Christoph Born. Determining the focus of expansion by means of flowfield projections. In *Mustererkennung 1994 DAGM*, Seite 711–719, 1994.

[10] H.-H. Braess und G. Reichart. Prometheus: Visionen des "intelligenten Automobils" auf "intelligenter Straße"; Versuch einer kritischen Würdigung – Teil 1. *ATZ*, 97(4), 1995

[11] H. H. Braess und G. Reichart. Prometheus: Visionen des "intelligenten Automobils" auf "intelligenter Straße"; Versuch einer kritischen Würdigung – Teil 2. *ATZ*, 97(5), 1995.

[12] L. Brillouin. *Science and Information Theory*. Academic Press, New York, 1956.

[13] Y. Chen, M. Nixon und D. Thomas. Statistical geometrical features for texture classification. *Pattern Recognition*, 28(4):537–552, 1995.

[14] A.J. Chintschin. Der Begriff der Entropie in der Wahrscheinlichkeitsrechnung. In Heinrich Grell (Hrsg.), *Arbeiten zur Informationstheorie 1*, Kapitel 1, Seite 7–25. VEB, Berlin, 1957.

[15] M.A. Cohen und S. Grossberg. Absolute stability of global pattern formation and parallel memory storage in competitive neural networks. *IEEE Trans. on Systems, Man, and Cybernetics*, SMC-13:815–826, 1983.

[16] M.C. Corballis und C.E. Roldan. Detection of symmetry as a function of angular orientation. *Journal of Experimental Psychology: Human, Perception and Performance*, 1:221–230, 1975.

[17] Tom Cover und Joy Thomas. *Elements of Information Theory*. John Wiley and Sons, New York, 1991.

[18] A. De Luca und S. Termini. A definition of nonprobabilistic entropy in the setting of fuzzy sets theory. *Inform. and Control*, 20:301–316, 1972.

[19] Lektorat des B.I.-Wissenschaftsverlags unter Leitung von H. Engesser. *DUDEN, Informatik*. Dudenverlag, Mannheim, Wien, Zürich, 1988.

[20] E.D. Dickmanns et al. The Seeing Passenger Car 'VaMoRs-P'. In *Proceedings of the Intelligent Vehicles '94 Symposium, Paris, France*, Seite 68–73, 1994.

[21] R.W. Ehrich und J.P. Foith. A view of texture topology and texture description. *Computer Vision and Image Processing*, 8:174–202, 1978.

[22] ELTEC Elektronik GmbH, Mainz. VECTOR-Processor for Contour Matching. Hardware Manual, Revision 1A, 1991.

[23] Robert M. Fano. *Transmission of information*. The M.I.T. Press, Cambridge, Massachusetts, 1963.

[24] R.E. Flannery und J.E. Miller. Status of uncooled infrared imagers. *Infrared Imaging Systems, SPIE-1689*, Seite 379–395, 1992.

[25] I. Fogel und D. Sagi. Gabor filters for texture discrimination. *Biological Cybernetics*, 61:103–113, 1989.

[26] U. Franke, S. Mehring, A. Suissa und S. Hahn. The Daimler-Benz Steering Assistant — a Spin-off from Autonomous Driving. In *Proceedings of the Intelligent Vehicles '94 Symposium, Paris, France*, Seite 120–124, 1994.

[27] M.M. Galloway. Texture analysis using gray level run lengths. *Computer Vision and Image Processing*, 4:172–179, 1975.

[28] D.M. Gavrilla. The Visual Analysis of Human Movement: A Survey. *Computer Vision and Image Understanding*, 73(1):82–98, 1999.

[29] C. Goerick. Local orientation coding and adaptive thresholding for real time early vision. Internal Report IR–INI 94–05, Institut für Neuroinformatik, Ruhr–Universität Bochum, D–44780 Bochum, Germany, Juni 1994.

[30] S. Görzig und U. Franke. ANTS - Intelligent Vison In Urban Traffic. In *Proceedings of the Intelligent Vehicles '98 Symposium, Stuttgart, Germany*, Seite 545–549, 1998.

[31] Calvin C. Gotlieb und Herbert E. Kreyzig. Texture Descriptors Based on Co-occurrence Matrices. *Computer Vision, Graphics, and Image Processing*, 51:70–86, 1990.

[32] U. Handmann, T. Kalinke, C. Tzomakas, M. Werner und W. von Seelen. An Image Processing System for Driver Assistance. *to be published in Image and Vision Computing, Elsevier Science Ireland Ltd.*, 1999.

[33] Robert M. Haralick, K. Shanmugam und Its'hak Dinstein. Textual Features for Image Classification. *IEEE Trans. on Systems, Man, and Cybernetics*, SMC-3(6):610–621, 1973.

[34] Robert M. Haralick und Linda G. Shapiro. *Computer and Robot Vision*, Band I. Addison-Wesley, Reading, Massachusetts, 1992.

[35] Simon Haykin. *Neural Networks, A Comprehensive Foundation*. Macmillan College Publishing Company, New York, 1994.

[36] B. Heisele und W. Ritter. Obstacle Detection Based on Color Blob Flow. In *Proceedings of the Intelligent Vehicles '95 Symposium, Detroit, USA*, Seite 282–286, 1995.

[37] F.L. Hitchcock. The distribution of a product from several sources to numerous localities. *Journal of mathematical physics*, 20:224–230, 1941.

[38] J.J. Hopfield. Neural networks and physical systems with emergent collective computational abilities. *Proceedings of the National Academy of Science*, 79:2554–2558, 1982.

[39] J.J. Hopfield und D.W. Tank. "Neural" Computation of Decisions in Optimization Problems. *Biological Cybernetics*, 52:141–152, 1985.

[40] Hans-Helmut Nagel (Hrsg.). *Sichtsystemgestützte Fahrzeugführung und Fahrer-Fahrzeug-Wechselwirkung*, Band 1. infix, St. Augustin, 1995.

[41] Hans-Helmut Nagel (Hrsg.). *Sichtsystemgestützte Fahrzeugführung und Fahrer-Fahrzeug-Wechselwirkung*, Band 2. infix, St. Augustin, 1995.

[42] Lexikoninstitut Bertelsmann in Zusammenarbeit mit Dr. H. F.Müller. *Das moderne Lexikon, Band 18*. Bertelsmann Lexikon Verlag, Gütersloh, Berlin, München, Wien, 1972.

[43] F. Jacquis, T. Kalinke, P. Martin und J.-M. Chassery. APPROCHES POUR LA MISE EN CORRESPONDANCE D'IMAGE SATELLITE. In *Reconnaissance der Formes et Intelligence Artificielle, 9ième conference RFIA 1994*, Paris, France, 1993.

[44] B. Jähne. *Digitale Bildverarbeitung*. Springer Verlag Berlin Heidelberg, 1989.

[45] A.K. Jain. *Fundamentals of digital image processing*. Prentice Hall, Englewood Cliffs, NJ 07632, 1989.

[46] B. Julesz. Visual Pattern Discrimination. *IRE Transactions on Information Theory*, 8:84 92, 1962.

[47] T. Kalinke. Static Stereo of Satellite Images Using a Neural Networ. In *Fifth Australian Conference on Neural Networks ACNN'94*, Bribane, Australia, 1994.

[48] T. Kalinke und U. Handmann. Fusion of Texture and Contour Based Methods for Object Recognition. In *IEEE Conference on Intelligent Transportation Systems 1997*, 1997.

[49] T. Kalinke, U. Handmann, C. Tzomakas und W. von Seelen. Computer Vision for Driver Assistance Systems. In *Proceedings of the SPIE Conference Enhanced and Synthetic Vision 98 Orlando, Florida, USA*, Seite 136 147, 1998.

[50] T. Kalinke und W. von Seelen. Entropie als Maß des lokalen Informationsgehalts in Bildern zur Realisierung einer Aufmersamkeitssteuerung. In *Mustererkennung 1996*, Seite 627 634, Berlin, Heidelberg, 1996. Springer-Verlag.

[51] T. Kalinke und W. von Seelen. Kullback-Leibler Distanz als Maß zur Erkennung nicht rigider Objekte. In *Mustererkennung 1997*, 1997.

[52] Thomas Kalinke, Christos Tzomakas, Martin Werner und Werner von Seelen. A Texture-Based Object Detection and an adaptive Model-Based Classification. In *Proceedings of the Intelligent Vehicles '98 Symposium, Stuttgart, Germany*, 1998.

[53] Thomas Kalinke und Werner von Seelen. A Neural Network for Symmetry-Based Object Detection and Tracking. In *Mustererkennung 1996 DAGM*, Seite 37 47, 1996.

[54] Ryotaro Kamimura. Entropy method to control and transform the internal representation. In *Proceedings of Neuro-Nimes 93, 6th Int. Conf.*, Seite 107 115, 1993.

[55] R.L. Kashyap, R. Chellappa und A. Khotanzad. Texture classification using features derived from random field models. *Pattern Recognition Letters*, 1:43 50, 1982.

[56] J.M. Keller, S. Chen und R.M. Crownover. Texture description and segmentation through fractal geometry. *Computer Vision, Graphics, and Image Processing*, 45(2):150 166, 1989.

[57] J.M. Kemperman. On the role of duality in the theory of moments, semi-finite programming and applications. In *Lecture Notes in Economic and Mathematical Systems*, Seite 63 92. Springer Berlin, 1983.

[58] B.P. Kjell und P.Y. Wang. Noise-tolerant texture classification and image segmentation. In *Intelligent Robots and Computer Vision IX: Algorithms and Techniques, Boston*, Seite 553 560, Bellingham, Wa, 1991. SPIE.

[59] Teuvo Kohonen. Self-organized formation of topologically correct feature maps. *Biological Cybernetics*, 43:59 69, 1982.

[60] R. Kories und G. Zimmermann. An evaluation of feature detectors. In *Proc. Int. Conf. Patt. Recogn.*, Seite 778 780, Montreal, 1984.

[61] C. Kreucher, S. Lakshmanan und K. Kluge. A Driver Warning System Based on the LOIS Lane Detection Algorithm. *IEEE International Conference on Intelligent Vehicles'98*, 1998.

[62] W. Krüger, W. Enkelmann und S. Rössle. Real-Time Estimation and Tracking of Optical Flow Vectors for Obstacle Detection. In *Proceedings of the Intelligent Vehicles '95 Symposium, Detroit, USA*, Seite 304–309, 1995.

[63] S. Kullback. *Information Theory and Statistics*. Dover, New York, NY, 1968.

[64] A. Laine und J. Fun. Texture classification by wavelet package signatures. *IEEE Transactions on Pattern Analysis and Machine Intelligence*, 15(11):1186–1191, 1993.

[65] G. Lambert. *Echtzeit-Bildverarbeitung zur Qualitätssicherung bei texturierten Oberflächen unter besonderer Berücksichtigung strukturierter Texturen*. Shaker Verlag, Aachen, 1998.

[66] D. Lee. A Theory of Visual Control of Braking Based on Information about Time-To-Collision. *Perception*, 5:437–459, 1976.

[67] P.J.G. Lisboa. Der Begriff der Entropie in der Wahrscheinlichkeitsrechnung. In P.J.G. Lisboa (Hrsg.), *Neural Networks: current applications*, Kapitel 1, Seite 163–184. Chapman & Hall London, 1992.

[68] S.S. Liu und M.E. Jernigan. Texture analysis and discrimination in additive noise. *Computer Vision, Graphics, and Image Processing*, 49:52–67, 1990.

[69] H.A. Mallot, H.H. Bülthoff, J.J. Little und S. Bohrer. Inverse perspective mapping simplifies optical flow computation and obstacle detection. *Biological Cybernetics*, 94:177–185, 1991.

[70] J. Mao und A.K. Jain. Texture classification and segmentation autoregressive models. *Pattern Recognition*, 25(2):173–188, 1992.

[71] D.J. Marceau, P.J. Howard, J.-M.M. Dubois und D.J. Gratton. Evaluation of the grey-level co-occurence matrix method for land-cover classification using spot imagery. *IEEE Transactions on Geoscience and Remote Sensing*, 28(4):513–518, 1990.

[72] G. Marola. Using symmetry for detecting and locating objects in a picture. *Computer Vision, Graphics, and Image Processing*, 2(46):179–195, 1989.

[73] E.B. Meier und F. Ade. Object Detection and Tracking in Range Image Sequences by Separation of Image Features. *IEEE International Conference on Intelligent Vehicles 1998*, 1:176 – 181, 1998.

[74] N. Metropolis, A. Rosenbluth, M. Rosenbluth, A. Teller und E. Teller. Equations of state calculations by fast computing machines. *Journal of Chemical Physics*, 21:1087–1092, 1953.

[75] W. Niblack, R. Barber, W. Equitz, M.D. Flickner, E.H. Glasman, D. Petkovic, P. Yanker, C. Faloutsos, G. Taubin und Y. Heights. Querying images by content, using color, texture, and shape. In *Proceedings of the SPIE conference on Storage and Retrieval for Image and Video Databases*, Band 1908, Seite 173–187, April 1993.

[76] Detlev Noll. *Ein Optimierungsansatz zur Objekterkennung*, Band 10. VDI Verlag, Düsseldorf, 1996.

[77] F. Paetzold und U. Franke. Road Recognition in Urban Environment. *IEEE International Conference on Intelligent Vehicles'98*, 1998.

[78] Athanasios Papoulis. *Probability, Random Variables, and Stochastic Processes*. McGraw-Hill, New York, 3. Ausgabe, 1991.

[79] Shmuel Peleg, Joseph Naor, Ralph Hartley und David Avnir. Multiple Resolution Texture Analysis and Classification. *IEEE Trans. on PAMI*, PAMI-6:518–523, 1990.

[80] A.P. Pentland. Fractal-based description of natural scenes. *IEEE Transactions on Pattern Analysis and Machine Intelligence*, 6, 1984.

[81] P.Peretto. Réseaux de neurones et optimisation combinatoire. In *Proc. of the Int. Conf. Les Entretiens de Lyon, 1990, Springer Verlag*, 1990.

[82] W.K. Pratt. *Digital Image Processing*. John Wiley and Sons, New York, 1991.

[83] William H. Press, Saul A. Teukolsky, William T. Vetterling und Brian P. Flannery. *Numerical Recipes in C*. Cambridge University Press, Cambridge, 2. Ausgabe, 1992.

[84] J. Puzicha, T. Hofmann und J.M. Buhmann. Non-parametric similarity measures for unsupervised texture segemntation and image retrieval. In *Proceedings of the IEEE Computer Society Conference on Computer Vision and Pattern Recognition (CVPR)*, 1997.

[85] S.T. Rachev. The Monge-Kantorovich mass transference problem and its stochastic applications. *Theory of probability and its applications*, 29(1):647–676, 1995.

[86] T.R. Reed und R. Jain. Texture segmentation using a diffusion region growing technique. *Pattern Recognition*, 23(9):953–960, 1990.

[87] I. Rock. *Perception*. Scientific American Library New York, 1984.

[88] T. Roß, T. Handels, H. Busche, H. Kreusch, H.H. Wolff und S.J. Pöppl. Automatische Klassifikation hochauflösender Oberflächenprofile von Hauttumoren mit neuronalen Netzen. In *Mustererkennung 1995*, Seite 379–386. Springer-Verlag, 1995.

[89] A. Rosenfeld. Axial representation of shape. *Computer Vision, Graphics, and Image Processing*, 33:156–173, 1986.

[90] T. Roth, R. Erbel, R. Brennecke, H.J. Rupprecht, J. Meyer und W. von Seelen. Variations in Acoustical Beam PRoperties of Intracoronary Doppler Catheders. 30:257–263, 1993.

[91] T. Roth, L. Koch, J. Ge, R. Erbel, W. von Seelen und H. Nesser. Automatische Erkennung von Gefäßwandmorpholgien auf Basis der Analyse hochfrequenter IVUS-Ultraschallsignale. 1996.

[92] F.R. Royer. Detection of symmetry. *Journal of Experimental Psychology: Human, Perception and Performance*, 7(46):1186–1210, 1981.

[93] Y. Rubner, C. Tomasi und L.J. Guibas. A metric for distributions with applications to image databases. In *Proceedings of the 1998 IEEE International Conference on Computer Vision, Bombay, India*, 1999.

[94] E. Saber und A.M. Tekalp. Integration of color, edge, shape, and texture features for automatic region-based image annotation and retrieval. *Journal of Electronic Imaging*, 7(3), Juli 1998.

[95] U. Schramm. *Automatische Oberflächenprüfing mit neuronalen Netzen*. IRB-Verlag, Stuttgart, 1994.

[96] E. Schulze-Krüger. *Analyse von Augenbewegungen des Menschen zur Symmetrie- und Raumwahrnehmung und Vergleich zu einem aktiven Kamerasystem*. VDI Verlag, Reihe 17 Biotechnik Nr.83, 1992.

[97] Claude E. Shannon. A Mathematical theory of Communication. *Bell Systems Technical Journal*, 27:379–423,623–656, 1948.

[98] Claude E. Shannon. Communication in the Presense of Noise. In *Proceedings IRE*, Band 37, Seite 10–21, 1949.

[99] H.C. Shen und A.K.C. Wong. Generalized texture representation and metric. *Computer, Vision, Graphics, and Image Processing*, 23:187–206, 1983.

[100] K. Sobottka und H. Bunke. Vision-Based Driver Assistance Using Range Imagery. In *IEEE International Conference on Intelligent Vehicles 98*, Seite 162 – 167, 1998.

[101] M. Stricker und M. Orengo. Similarity of color images. In *Proceedings of the SPIE conference on Storage and Retrieval for Image and Video Databases III*, Band 2420, Seite 381–391, Februar 1995.

[102] M.J. Swain und D.H. Ballard. Color indexing. *International Journal of Computer Vision*, 7(1):11–32, 1991.

[103] B. Tian, M.A. Shaikh, R. Azimi-Sadjadi, T.H. Vonder Haar und D.L. Reinke. A study of cloud classification with neural networks using spectral and textual features. *IEEE Transactions on Neural Networks*, 10(1):138–151, 1999.

[104] Berthold Ulmer. VITA II – Active Collision Avoidance in Real Traffic. In *Proceedings of the Intelligent Vehicles '94 Symposium, Paris, France*, Seite 1–6, 1994.

[105] M. Unser. Sum and differences histograms for texture analysis. *IEEE Transactions on Pattern Analysis and Machine Intelligence*, 8:118–125, 1986.

[106] W. von Seelen, C. Curio, J. Edelbrunner, T. Kalinke, C. Tzomakas, C. Bruckhoff und T. Bergener. Walking Pedestrian Detection and Classification. In *21. DAGM-Symposium Mustererkennung 1999*, 1999.

[107] W. von Seelen, U. Handmann, T. Kalinke und C. Tzomakas. Image Processing for Driver Assistance. In *20. DAGM-Symposium Mustererkennung 1998*, 1998.

[108] M. Werman, S. Peleg und A. Rosenfeld. A distance metric for multidimensional histograms. *Computer, Vision, Graphics, and Image Processing*, 32:328–336, 1985.

[109] J.S. Weszka, C. Dyer und A. Rosenfeld. A comparative study of texture measures for terrain classification. *IEEE Trans. on Systems, Man, and Cybernetics*, SMC-6(4):269–285, 1976.

[110] D. Willersinn und W. Enkelmann. Robust Obstacle Detektion and Tracking by Motion Analysis. In *Proceedings of the Intelligent Vehicles '97 Symposium, Stuttgart, Germany*, 1997.

[111] Gérard Yahiaoui und Marie de Saint Blancard. Texture-based Image Segmentation for Road Recognition with Neural Networks. In *Proceedings of Neuro-Nimes 93, 6th Int. Conf., Neural Networks and their Industrial & Cognitive Applications*, Seite 321–328, 269-287, Rue de la Garenne, 92024 Nanterre Cedex, France, 1993. EC2.

[112] C. Stevens Young, Latimer. Modelling symmetry detection with backpropagation networks. In *Proc. of the fifth Australian Conference on Neural Networks, ACNN 1994, Brisbane*, 1994.

[113] T. Zielke, M. Brauckmann und W. von Seelen. Intensity and Edge-Based Symmetry Detection with an Application to Car-Following. *CVGIP: Image Understanding*, 58(1), 1993.

[114] V.M. Zolotarev. Probability Metrics. *Theory Prob. Appl.*, 28:278–302, 1983.

Zeitfracht Medien GmbH
Ferdinand-Jühlke-Straße 7
99095 Erfurt, Deutschland
produktsicherheit@kolibri360.de